기초선형대수학

김병무
남숙자 공저

도서출판 신성

머 리 말

자연과학과 공학의 기본언어로서 의학 및 생명공학, 금융, 경제등에 응용의 측면에서도 기초과학인 수학의 역할이 점점 커지고 있다.

이 책은 수학을 필요로 하는 이공계열이나 상경계열 학생들이 좀 더 친숙하고 알차게 선형대수학 일반에 관계되는 정의, 정리 및 공식을 이해하고, 학습할 수 있도록 예제와 함께 유제를 수록하였으며, 중간 중간 학습한 내용을 복습하고 스스로 평가 해 볼 수 있도록 연습문제를 제시하였다.

본 교재의 내용은 학부 학생들을 위한 교재로서 주당 2, 3시간 강의로 한 학기 동안 마 칠 수 있는 기본적인 내용만을 포함 하고 있으며, 이러한 현실에 맞게 엄밀한 이론에 대한 증명보다는 개념에 대한 쉬운 예제로 학생들의 이해를 돕고자 노력했다. 제1장에서 집합과 명제, 부울 대수의 기본 성질을, 제2장과 3장에서는 행렬과 행렬식을, 제4장에서 제5장까지는 벡터와 벡터공간과 차원을, 제6장에서 고유값 과 고유공간 및 대각화에 대한 내용을 다루며, 마지막 7장 에서는 선형사상에 관한 내용으로 이공계열이나 상경계열 학생들에게 기초가 되며 그 응용의 폭이 넓은 선형대수학의 내용을 다루었다.

이 책으로 공부하는 모든 학생들이 수학적 사고 능력 배양에 도움이 될 수 있기를 희망하며, 또한 잘못된 부분을 지적해주시면 부족한 점은 계속 보완해 나갈 것을 약속드립니다.

2009년 8월

저 자

차 례

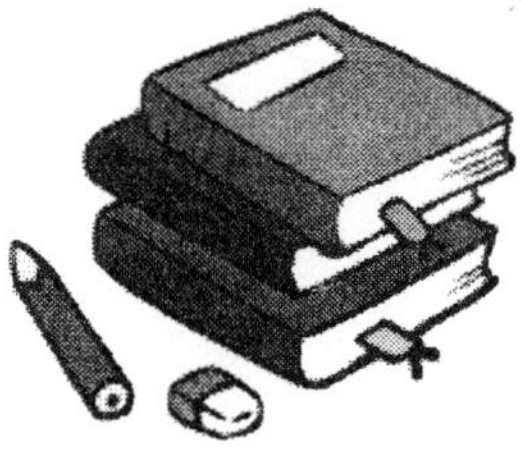

제1장 집 합

1.1 **집합**(Set)

19세기 칸토어(G . Cantor: 1845-1918)에 의해 처음으로 도입된 집합 개념은 그 이후 수학의 전 분야의 기본 개념이 되어왔다. 명확하게 구별할 수 있는 어떤 대상(object)들의 모임(collection)을 **집합**(set)이라 하고, 집합을 이루고 있는 대상 하나하나를 주어진 집합의 원소(element), 또는 원이라 한다.

집합은 일반적으로 대문자, $A, B, C, \cdots, X, Y, Z$ 등으로 나타내고, 집합의 원소는 소문자 $a, b, c, \cdots, x, y, z$ 등으로 나타낸다. 대상 a가 집합 A의 원소인 경우 $a \in A$ 로 나타내며, a는 A에 속한다고 하며, 대상 b가 집합 A의 원소가 아닐 경우에, $b \not\in A$ 로 나타내며, b는 A에 속하지 않는다고 한다.

집합을 나타내는 방법으로는 첫째, 집합을 구성하고 있는 원소들을 모두 나열하는 **원소나열법**(tabular form) 은 $\{\cdots\cdots\cdots\}$ 으로 나타내는 방법이 있고 둘째, 집합을 구성하는 원소의 성질을 기술하여 나타내는 **조건제시법** (setbuilder form)이 있으며 $\{x | p(x)\}$으로 나타내어진다. 예를 들어 자연수 전체의 집합 N은 다음과 같이 두 가지 방법으로 나타낼 수 있다.

$$N = \{1, 2, 3, 4, \cdots\}$$ (원소나열법)

$$N = \{x | x \text{는 자연수}\}$$ (조건제시법)

☞ 공집합 (null set, empty set)

원소가 하나도 없는 집합을 **공집합** (null set, empty set)이라 하고 기호로는 $\varnothing$ 또는 { }로 나타낸다.

【예제】 1.1.1

다음 집합들을 원소나열법 및 조건제시법으로 나타내라.

(1) 1 이상 100 이하의 짝수들의 모임

(2) 4 와 6의 공배수 중 10 이하의 자연수들의 모임

[풀이]

(1) 원소나열법: $\{2, 4, 6, \cdots, 100\}$, 조건제시법: $\{x | x\text{는 짝수}, 1 \le x \le 100\}$

(2) 원소나열법: { } , 조건제시법: $\varnothing$

☞ 부분집합(subset)

두 집합 A, B에서 A의 모든 원소가 또한 B의 원소일 때, A는 B의 **부분집합**(subset)이라 하고, $A \subseteq B$로 나타낸다. 즉, A가 B에 포함되거나 B가 A를 포함한다는 뜻으로 기호로 나타내면 다음과 같다.

$$A \subseteq B \Leftrightarrow \forall x, \text{if } x \in A \text{ then } x \in B$$

☞ 진부분집합(proper subset)

집합 A, B에서 $A \subset B$이나 $A \neq B$ (즉, A의 모든 원소가 집합 B에 속하지만 A에는 속하지 않는 B의 원소가 적어도 하나 존재 하는 경우) 일 때, A는 B의 **진부분집합**(proper subset)이라 한다.

☞ 같은집합(equal set)

주어진 집합 A와 B에 대하여 A와 B가 **같은집합**(equal set)이란 A의 모든 원소가 B에 속하고 B의 모든 원소가 A에 속한다는 것을 뜻하며 기호로 나타내면 다음과 같다.

$$A = B \Leftrightarrow A \subseteq B \text{ and } B \subseteq A$$

【예제】 1.1.2

다음에서 두 집합 사이의 포함관계를 나타내라.

(1) $A = \{a | a\text{는 정수}\}$, $B = \{b | b\text{는 유리수}\}$

(2) $C = \{1, 3, 5, 7, 9\}$, $D = \{d | d\text{는 10 이하의 홀수}\}$

[풀이]

(1) $A \subset B, A \neq B$ (2) $C = D$

【유제】 1.1.3

다음 두 집합 사이의 포함관계를 나타내라.

(1) $A = \{a | a\text{는 유리수}\}$, $B = \{b | b\text{는 무리수}\}$

(2) $C=\{2\}$, $D=\{d|d^2=4\}$, $E=\{-2\}$

정답.

(1) A 와 B는 서로 포함관계가 없다.

(2) $C\subset D$, $E\subset D$

1.2 집합의 연산

집합 U의 원소로서 어떤 성질 P를 만족하는 부분집합을 생각할 때 이 주어진 집합 U를 전체집합(universal set)이라 한다.

전체집합U의 부분집합 A, B사이의 연산(operation)인 **합집합**(union), **교집합**(intersection), **차집합**(difference), **여집합**(complement), **대칭차집합**(symmetric difference)을 다음과 같이 정의한다.

[1] A와B의 **합집합**(union, $(A\cup B)$) 은 x가 A에 속하거나 x 가 B 에 속하는 U에 속한 모든 원소들 x 의 집합이다.

[2] A와B의 **교집합**(intersection, $(A\cap B)$) 은 x가 A에 속하고 x 가 B 에도 속하는 U에 속한 모든 원소들 x 의 집합이다.

[3] A와B의 **차집합**(difference, $(A-B)$) 은 x가 A에 속하지만 x 가 B 에는 속하지 않는 U에 속한 모든 원소들 x 의 집합이다.

[4] A의 **여집합**(complement, A^C) 은 x가 A에 속하지 않는 U에 속한 모든 원소들의 집합이다.

[5] A와 B의 **대칭차집합** (symmetric difference, $(A \triangledown B)$) 은 x가 A에 속하지만 B에 속하지 않고 x가 B에 속하지만 A에 속하지 않는 모든 원소들 x의 합집합이다.

기호로 나타내면 다음과 같다.

[1] $A \cup B = \{x \in U \mid x \in A \text{ 또는 } x \in B\}$,

[2] $A \cap B = \{x \in U \mid x \in A \text{ 그리고 } x \in B\}$,

[3] $A - B = \{x \in U \mid x \in A \text{ 그리고 } x \notin B\}$,

[4] $A^C = U - A = \{x \in U \mid x \notin A\}$,

[5] $A \triangledown B = (A - B) \cup (B - A) = (A \cup B) - (A \cap B)$

【예제】 1.2.1

집합 $U = \{a, b, c, d, e, f\}$의 부분집합
$A = \{a, b, c, d, e\}$, $B = \{f\}$에 대하여 다음 집합을 구하여라.

(1) $A \cup B$ (2) $A \cap B$ (3) $A^c = U - A$ (4) $A - B$
(5) $A \triangledown B$

[풀이]

$A \cup B = A \triangledown B = U$, $A \cap B = \varnothing$, $A^c = B$, $A - B = A$
에 대하여 다음이 성립한다.

【정리】 1.2.2

주어진 집합 U의 부분집합 A, B 에 대하여
다음이 성립한다.

(1) $(A \cup B)^c = A^c \cap B^c$ (2) $(A \cap B)^c = A^c \cup B^c$

[증명]

집합 연산의 정의에 의하여

(1) $(A\cup B)^c = \{x\in U \mid x\in (A\cup B)^c\} = \{x\in U \mid x \not\in A\cup B\}$

$= \{x\in U \mid x\not\in A$ 그리고 $x\not\in B\}$

$= \{x\in U \mid x\in A^c$ 그리고 $x\in B^c\}$

$= \{x\in U \mid x\in A^c\cap B^c\} = A^c\cap B^c$

【예제】 1.2.3

공집합의 기호 $\varnothing$가 새로운 의미를 갖는 다음 집합을 생각하여 보자.

$$\varnothing,\ \{\varnothing\},\ \{\varnothing\{\varnothing\}\},\ \{\varnothing,\{\varnothing\},\{\varnothing,\{\varnothing\}\}\},\ \cdots$$

여기서 이들 집합을 차례로 $0, 1, 2, 3, \cdots$으로 놓았을 때, 이들의 원소 관계를 살펴보아라.

[풀이]

$0=\varnothing$, $1=\{\varnothing\}$ $2=\{\varnothing\{\varnothing\}\}$, $3=\{\varnothing,\{\varnothing\},\{\varnothing,\{\varnothing\}\}\}$,] $\cdots$

이므로 $1=\{0\}$, $2=\{0,1\}$ $3=\{0,1,2\}$ $4=\{0,1,2,3\},\cdots$.

그러므로 모든 자연수

n 에 대하여 $n\in n^*, n^*=n+1$ 이 성립한다.

여기서 속한다는기호 $\in$을 부등호 $<$로 나타내면

$n\in n+1$이므로 $n<n+1$이다.

【예제】 1.2.4

집합 $A=\{x \mid x$는 $x^2=4$인 홀수$\}=\varnothing$이다.

[풀이]

모든 홀수 x에 대하여 x^2은 홀수이므로 $x^2 \neq 2^2$이다.

그런데 A의 원소가 있다면 $x^2 = 2^2$인 수가 존재한다. 그러므로 A의 원소는 존재하지 않는다. 따라서 A는 공집합이다.

☞ 서로소 (disjoint)

두 집합 A와B에 대하여 A와B가 공통으로 갖는 원소가 하나도 없으면 A와B가 **서로소**(disjoint) 이다 라 하고, 기호로 나타내면 다음과 같다.

$$A \text{ 와 } B \text{ 가 서로소이다} \Leftrightarrow A \cap B = \varnothing$$

일반적으로는 집합 $A_1, A_2, \cdots, A_n$ 은 둘씩 서로소이다 라는 것은 다른 첨자를 가진 임의의 두 집합 A_i 와 A_j 가 공통으로 원소를 가지지 않는 것이다. 더 정확히 $i, j = 1,2,\cdots,n$ 에 대하여

$$i \neq j \text{ 일 때 마다 } A_i \cap A_j = \varnothing \text{ 이다.}$$

【예제】 1.2.5

다음 두 집합은 서로소이다.

$A = \{1,\ 2,\ 3\}$, $B = \{4,\ 5,\ 6\}$

[풀이]

A 와 B 는 공통원소를 갖지 않는다.

다시말하면, $\{1,\ 2,\ 3\} \cap \{4,\ 5,\ 6\} = \varnothing$

☞ 집합의 분할 (partition)

집합론의 많은 응용에서 집합들은 중복되지 않는 (또는 서로소) 부분으로 나누어진다. 그러한 나눔을 **분할**(partition)이라 부른다.

주어진 집합 A가 공집합이 아니고 각각이 서로소인 집합들의 모음 $\{A_1, A_2, A_3, \cdots, A_n\}$들 의 합집합과 같게 될 때, $\{A_1, A_2, A_3, \cdots, A_n\}$은 집합 **$A$의 분할**(partition)이라고 하고 다음 두 조건을 만족한다.

[1] $A = A_1 \cup A_2 \cup \cdots \cup A_n$

[2] $A_1, A_2, \cdots, A_n$ 은 각 각 둘씩 서로소 이다.

【예제】 1.2.6

집합 $A = \{1, 2, 3, 4, 5, 6\}$ 에 대해 다음 집합은 집합 A의 분할이다.

$$A_1 = \{1, 2, 3\} \ , \ A_2 = \{4, 5, 6\}$$

[풀이]

$A = A_1 \cup A_2$ 이고, 집합 $A_1 \cap A_2 = \varnothing$ 이므로, A_1, A_2는 집합 A의 분할이다.

【유제】 1.2.7

집합 $A = \{-2, 1, 0, 1, 2, 3\}$ 에 대해 다음 집합들은 집합 A의 분할임을 보여라.

$$A_1 = \{1, 2, 3\} \ , \ A_2 = \{-2, -1, 0\}$$

정답 .

$A = A_1 \cup A_2$ 이고, 집합 $A_1 \cap A_2 = \varnothing$ 이므로 분할이다.

☞ 데카르트곱 (Cartesian product)

주어진 집합A와B에 대하여, a 는 A에 속하고 b 는 B에 속하는 모든 순서쌍(a,b) 들의 집합을 A와B 의 **데카르트곱** (Cartesian product)이라 하고, $A \times B$ 로 나타내고 다음과 같이 쓸 수 있다.

$$A \times B = \{(a, b) | a \in A \text{ and } b \in B\}$$

【예제】 1.2.8

$A = \{1, 2\}$, $B = \{x, y\}$ 일 때, $A \times B$ 를 구하라.

[풀이]

$$A \times B = \{(a,b) | a \in A \text{ and } b \in B\}$$
$$= \{(1, x), (1, y), (2, x), (2, y)\}$$

☞ 멱집합(power set)

주어진 집합 A의 부분집합 전체의 집합을 A의 **멱집합**(power set) 이라 하고, $P(A)$ 또는 2^A로 나타낸다.

【예제】 1.2.9

집합 $A = \{a,b\}$의 멱집합을 구하여라.

[풀이]

$P(\{a,b\}) = \{\varnothing, \{a\}, \{b\}, \{a,b\}\}$.

【정리】 1.2.10

전체집합 U, 공집합 $\varnothing$, 부분집합 A, B, C 와 이들의 여집합에 대하여 다음과 같은 연산 법칙이 성립한다.

(1) $A \cup \varnothing = A$, $A \cap U = A$ [항등법칙]

(2) $A \cup A = A$, $A \cap A = A$ [멱등법칙]

(3) $A \cap \varnothing = \varnothing$, $A \cup U = U$

(4) $A \cup A^C = U$, $A \cap A^C = \varnothing$

(5) $(A^C)^C = A$, $U^C = \varnothing$, $\varnothing^C = U$

(6) $A \cup B = B \cup A$, $A \cap B = B \cap A$ [교환법칙]

(7) $(A \cup B) \cup C = A \cup (B \cup C)$, $(A \cap B) \cap C = A \cap (B \cap C)$ [결합법칙]

(8) $A \cup (B \cap C) = (A \cup B) \cap (A \cup C)$, $A \cap (B \cup C) = (A \cap B) \cup (A \cap C)$ [배분법칙]

(9) $(A \cup B)^C = A^C \cap B^C$, $(A \cap B)^C = A^C \cup B^C$ [드모르간의 법칙]

(10) $A - B = A \cap B^C$

【예제】 1.2.11

모든 집합 A, B 에 대하여 $A - (A \cap B) = A - B$ 이다.

[풀이]

A, B 를 집합이라 가정하자.

$A - (A \cap B) = A \cap (A \cap B)^c$	차집합의 정의에 의하여
$= A \cap (A^c \cup B^c)$	드모르간의 법칙에 의하여
$= (A \cap A^c) \cup (A \cap B^c)$	분배법칙의 정의에 의하여
$= \varnothing \cup (A \cap B^c)$	여집합의 정의에 의하여
$= A \cap B^c$	
$= A - B$	

【유제】 1.2.12

모든 집합 A, B 그리고 C에 대하여

$(A\cup B)-C=(A-C)\cup(B-C)$ 임을 보여라

〖정리〗 1.2.12

집합 A, B, C에 대하여 다음 식이 성립한다.

(1) $A\times(B\cup C)=(A\times B)\cup(A\times C)$

(2) $A\times(B\cap C)=(A\times B)\cap(A\times C)$

(3) $(A\times B)\cap(C\times D)=(A\cap C)\times(B\cap D)$

【예제】 1.2.13

집합 A, B, C에 대하여 $A\times(B-C)=(A\times B)-(A\times C)$ 가 성립한다.

[풀이]

$$A\times(B-C)=A\times(B\cap C^C)=(A\times B)\cap(A\times C^C)$$

$$=(A\times B)\cap(A\times C)^C=(A\times B)-(A\times C)$$

☞ 유한집합과 무한집합

집합을 이루는 원소의 개수가 유한인 집합을 **유한집합**(finite set)이라 한다. 그리고 유한이 아닌 집합을 **무한집합**(infinite set)이라 한다.

유한집합 A의 원소의 개수를 $n(A)$로 나타내면 다음 등식이 성립한다.

(1) $n(A \cup B) = n(A) + n(B) - n(A \cap B)$

(2) $n(A^c) = n(U) - n(A)$

(3) $n(A \cup B \cup C) = n(A) + n(B) + n(C) - n(A \cap B)$
$- n(A \cap C) - n(B \cap C) + n(A \cap B \cap C)$

원소가 단 하나뿐인 집합 $\{x \mid x = a\}$을 **단집합**(singleton set)이라 하고, $\{a\}$로 나타낸다.

【예제】 1.2.14

50명의 학생에게 가, 나, 다 세가지 유형의 문제를 풀게 하였더니 가, 나, 다의 정답자가 각 각 37명, 30명, 25명 이었다. 또 가와 나, 나와 다, 다와 가의 정답자는 각각 20명, 17명, 13명이고, 가, 나, 다 모두를 맞힌 학생이 5명일 때, 세 문제 모두 틀린 학생의 수를 구하라.

[풀이]

세 문제 모두 틀린 학생의 수를 x명 이라 하면

$$x = n(U) - n(A \cup B \cup C)$$

이 때, $n(A \cup B \cup C) = n(A) + n(B) + n(C)$
$- n(A \cap B) - n(B \cap C) - n(C \cap A) + n(A \cap B \cap C)$
$= 37 + 30 + 25 - 20 - 17 - 13 + 5 = 47$

그러므로, $x = 50 - 47 = 3$

【유제】 1.2.15

두자리 양의 정수로서 3으로 나누면 1이 남거나 5로 나누면 3이 남는 것은 모두 몇 개인지 구하라.

정답.

42개

1.2 연습문제

1. 다음에서 집합이 되는 것을 골라라.

   1) 아름다운 여성들의 모임
   2) 멋진 남학생들의 모임
   3) 1보다 작은 자연수들의 모임
   4) 수학을 잘하는 학생들의 모임
   5) 키가 180 cm 이상인 농구 선수들의 모임

2. 집합 $\{1,2\}$와 $\{2,1\}$는 같은 집합임을 보여라.

3. 집합연산에 대하여 다음 등식이 성립함을 보여라.

   (1) $(A\cup B)-(A\cap B)=(A-B)\cup(B-A)$

   (2) $A\cap(B-C)=(A\cap B)-C$

   (3) $A-(B\cup C)=(A-B)\cap(A-C)$

   (4) $A-(B\cap C)=(A-B)\cup(A-C)$

3. 집합 A,B와 $\varnothing$에 대하여 $A\cap B^C=\varnothing$일 필요충분조건은 $A\subset B$임을 보여라.

4. 집합 A,B에서 $A\subseteq B$, $A^C=B-A$가 항상 성립하는 경우는 다음 중 어느 때인가?

   (1) $A\cap B=B$ (2) $A\cup B=A$ (3) $A\cup B^C=\varnothing$ (4) $B\cup A^C=B$

5. 주어진 집합 X의 임의의 부분집합 A,B에 $A\triangle B=(A-B)\cup(B-A)$로 주어진 연산 $\triangle$의 항등원은 모든 A에 대하여 $A\triangle I=I\triangle A=A$이 항상 성립하는 부분집합 I 를 지칭한다. 이 연산에 관한 항등원은 다음 중 어느 것인가?

(1) U (2) $\varnothing$ (3) A (4) B

6. 집합 A,B 의 연산 $A\triangle B=(A-B)\cup(B-A)$에 대하여 $(A\triangle B)\triangle C$ 를 벤다이어그램으로 나타내어라.

7. 집합 $A=\{a,b\}$, $B=\{1,2,3\}$, $C=\{3,5\}$에 대하여 $(A\times B)\cap(A\times C)$를 구하여라.

8. 집합 $A=\{a, b\}$, $B=\{1, 2, 3\}$, $C=\{x, y\}$에 대하여 다음을 구하라.

(1) $A\times B$ (2) $A\times B\times C$

정답

1. (3), (5)

1.3 명제

참인지 거짓인지를 명확하게 판정할 수 있는 문장이나 식을 명제라 하며, 이것을 $p, q, r, \ldots$따위로 나타낸다. 명제가 참이면 T라 나타내고, 거짓이면 F로 나타낸다.

☞ 단순명제와 합성명제

더 이상 잘게 나눌 수 없는 명제를 **단순명제**라 하며, 몇 개의 명제가 "또는", "그리고", "이면", "일 때이다","아니다"와 같은 논리적 언어로 이어진 명제를 **합성명제**라 한다.

명제 p, q에 대한 기본적인 합성명제는 다음과 같다.

☞ 합성명제의 진리값

	문장	기호
논리합	p 또는 q (p이든가 q)	$p \vee q$
논리곱	p 그리고 q (p이고 q)	$p \wedge q$
조건문	p 이면 q이다	$p \rightarrow q$
쌍조건문	p일 때에만 q (p이면 q이고, q이면 p이다)	$p \leftrightarrow q$
부정	p가 아니다	$\neg p$

☞ 진리값

명제 p가 참인 것을 $T(true)$, 거짓인 것을 $F(false)$로 나타내고 (T, F를 각각 1, 0으로 대신하기도 한다), T, F를 명제 p의 **진리값**이라 하며, 합성명제의 진리값은 다음 표에서와 같이 정의되는데, 이 표를 진리표라 부른다.

【예제】 1.3.1

(1) $\neg p \wedge q$와 (2) $(p \leftrightarrow q) \rightarrow (p \vee q)$의 진리표를 만들어라.

[풀이]

(1) $\neg p \wedge q$의 진리표

p	q		$\neg p$	$\neg p \wedge q$
T	T		F	F
T	F		F	F
F	T		T	T
F	F		T	F

(2) $(p \leftrightarrow q) \rightarrow (p \vee q)$의 진리표

p	q		$p \leftrightarrow q$	$p \vee q$	$(p \leftrightarrow q) \rightarrow (p \vee q)$
T	T		T	T	T
T	F		F	T	T
F	T		F	T	T
F	F		T	F	F

☞ 항진명제(tautology)와 모순명제(contradiction)

앞에서 논리연산을 이용하여 합성명제를 만들 수 있음을 알았다. 논리연산자인 $\neg, \vee, \wedge, \rightarrow$ 따위를 써서 명제 $p, q, \ldots$로부터 합성명제 $P(p, q, \ldots)$를 만들었다면, $p, q, \ldots$따위를 이 합성 명제의 변수(variable)라고 부른다. 진리값이 모두 참인 합성명제 $P(p, q, \ldots)$를 **항진명제**(tautology)라고 한다. 다시 말하면, 변수들이 어떤 진리값을 갖더라도 상관없이 항진명제의 진리값은 항상 참이다.

거꾸로, 변수들이 어떤 진리값을 갖더라도 상관없이 합성명제 $P(p, q, \ldots)$의 진리값이 항상 거짓이면, 이 합성명제를 **모순명제** (contradiction)라고 한다.

【예제】 1.3.2

$p\vee\neg p$는 항진명제이고, $p\wedge\neg p$는 모순명제이다.

p	$\neg p$	$p\vee\neg p$	$p\wedge\neg p$
T	F	T	F
F	T	T	F

【유제】 1.3.3

다음 합성명제들의 진리표를 만들어 보고, 이들이 항진명제인지 또는 모순명제인지를 말하라.

(1) $p\rightarrow(p\vee q)$ (2) $(p\wedge q)\wedge(p\wedge\neg q)$

정답.

(1)$p\rightarrow(p\vee q)$ 의 진리표

p	q		$p\vee q$	$p\rightarrow(p\vee q)$
T	T		T	T
T	F		T	T
F	T		T	T
F	F		F	T

$\therefore p\rightarrow(p\vee q)$는 항진명제

(2)$(p\wedge q)\wedge(p\wedge\neg q)$의 진리표

p	q		$p\wedge q$	$p\wedge\neg q$	$(p\wedge q)\wedge(p\wedge\neg q)$
T	T		T	F	F
T	F		F	T	F
F	T		F	F	F
F	F		F	F	F

$\therefore (p\wedge q)\wedge(p\wedge\neg q)$는 모순명제

☞ 명제의 연산법칙

[1] 멱등법칙(idempotent law)

$p\wedge p=p$
$p\vee p=p$

[2] 교환법칙(commutative law)

$p\wedge q=q\vee p$
$p\vee q=q\vee p$

[3] 결합법칙(associative law)

$p\wedge(q\wedge r)=(p\wedge q)\wedge r$
$p\vee(q\vee r)=(p\vee q)\vee r$

[4] 분배법칙(distributive law)

$p\wedge(q\vee r)=(p\wedge q)\vee(p\wedge r)$
$p\vee(q\wedge r)=(p\vee q)\wedge(p\vee r)$

[5] 항등법칙(identity law)

$p\wedge t=p$
$p\vee t=t$
$p\vee f=f$
$p\wedge f=p$

[6] 이중부정의 법칙(double negation law)

$\neg\neg p = p$

[7] 여법칙(complement law)

$p \wedge \neg p = f$
$p \vee \neg p = t$
$\neg t = f$
$\neg f = t$

[8] 드모르간의 법칙(De Morgan's law)

$\neg(p \wedge q) = \neg p \vee \neg q$
$\neg(p \vee q) = \neg p \wedge \neg q$

【유제】 1.3.4

두 합성명제 $p \to (q \wedge r)$와 $(p \to q) \wedge (p \to r)$이 동치임을 진리표를 만들어서 밝혀라.

1.3 연습문제

1. 다음 문장중 명제가 되는 것을 찾아라.

(1) 모든 소수는 홀수이다.
(2) 그녀의 전공은 수학이다.
(3) $128 = 2^6$ 이다.
(4) $x = 3^6$ 이다.
(5) 1,024는 어떤수의 제곱이 되는 네자리수 중 가장 작은 수이다.

2. 다음 명제식의 진리표를 작성하라.

(1) $\neg p \wedge q$

(2) $\neg (p \wedge q) \vee (p \vee q)$

(3) $p \wedge (q \wedge r)$

(4) $(p \wedge q) \vee \neg r$

(5) $p \vee \neg q \rightarrow \neg p$

(6) $(p \rightarrow (q \rightarrow r)) \leftrightarrow ((p \wedge q) \rightarrow r)$

3. 다음 논리적 동치가 성립함을 보여라.

(1) $\neg(\neg p \wedge q) \wedge (p \vee q) \equiv p$
(2) $(p \wedge \neg q) \vee (p \wedge q) \equiv p$
(3) $(p \vee \neg q) \wedge (\neg p \vee \neg q) \equiv \neg q$
(4) $p \rightarrow q \equiv \neg p \vee q$

(5) $(p \vee q) \to r \equiv (p \to r) \wedge (q \to r)$

4. 아침에 학교에 가려고 하는데 안경이 없었다. 다음 명제들이 참이라는 것을 알고 있을 때, 내 안경은 어디에 있는가?

(1) 내 안경이 식탁 위에 있으면 나는 아침을 먹을 때 안경을 보았다.
(2) 나는 거실에서 신문을 읽고 있었거나 부엌에서 신문을 읽고 있었다.
(3) 내가 거실에서 신문을 읽고 있었다면 내 안경은 커피 탁자 위에 있다.
(4) 아침을 먹을 때 내 안경을 보지 못했다.
(5) 내가 침대에서 책을 읽고 있었다면, 내 안경은 침대 탁자 위에 있다.
(6) 내가 부엌에서 신문을 읽고 있었다면, 내 안경은 식탁 위에 있다.

5. " x 가 끓고 있으면 온도는 적어도 $150°C$ 이어야 한다." 라는 명제가 참이라고 가정하면, 아래 문장 중 어느 것이 참인가?

1) x 의 온도가 적어도 $150°C$ 이면, x 가 끓고 있다.
2) x 의 온도가 $150°C$보다 낮으면, x 가 끓고 있지 않다.
3) x 의 온도가 적어도 $150°C$ 인 경우에만 끓을 것이다.
4) x 가 끓고 있지 않으면, 온도가 $150°C$ 미만이다.
5) x 가 끓기 위한 충분조건은 온도가 적어도 $150°C$ 인 것이다.

6. $x^2 > 4 \Rightarrow x > 2$ 의 역, 이, 대우명제를 쓰고 참 거짓을 밝혀라.

정답. 1. (1), (3)

4. 안경은 식탁 위에 있지 않고 나는 부엌에서 신문을 읽지 않았으며 나는 거실에서 신문을 읽었으므로 내안경은 커피 탁자 위에 있다.

5. (2), (5)

1.4 부울 대수

만약 여러분이 논리적 동치들을 되돌아보고 집합의 연산법칙들과 그것들을 비교한다면, 매우 비슷하다는 것을 알 수 있을 것이다. 이것은 "$\vee$와$\wedge$의 연산과 더불어 변수의 모든 한정된 수의 명제 형태의 집합"과 "$\cup$와$\cap$의 연산을 포함한 집합의 모든 부분집합들의 집합" 간의 기본 구조에 대한 유사성을 반영한다.

이들은 부울 대수로 알려진 일반 대수 구조의 특별한 경우들이다. 부울 대수의 성질들은 디지털 논리 회로의 간소화에 폭넓게 사용된다.

【정의】

1.4.1 부울 대수

부울 대수(Boolean algebra)는 일반적으로 $+$와 $\cdot$로 표기되는 두 연산과 함께, 모든 a와b에 대하여 $a+b$와 $a\cdot b$모두 B에 속하고 다음 성질을 만족시키는 집합 B이다.

[1] 교환법칙: B에 속하는 모든 a와b에 대하여

(1) $a+b=b+a$ 그리고 (2) $a\cdot b=b\cdot a$

[2] 결합법칙: B에 속하는 모든 a,b,c에 대하여

(1) $(a+b)+c=a+(b+c)$ 그리고 (2) $(a\cdot b)\cdot c=a\cdot(b\cdot c)$

[3] 분배법칙: B에 속하는 모든 a,b,c에 대하여

(1) $a+(b\cdot c)=(a+b)\cdot(a+c)$ 그리고

(2) $a \cdot (b+c)=(a \cdot b)+(a \cdot c)$

[4] 항등법칙: B에 속하는 모든 a에 대하여

(1) $a+0=a$ 그리고 (2) $a \cdot 1=a$

를 만족시키는 원소 0과 1이 B에 존재한다.

[5] 보법칙: B에 속하는 각각의 a에 대하여

(1) $a+\bar{a}=1$ 그리고 (2) $a \cdot \bar{a}=0$

을 만족시키는 원소가 B에 존재한다. 이것을 $\bar{a}$라 표기하고 a의 **보원(complement)** 또는 **부정(negation)**이라 부른다.

유한개의 변수를 갖는 명제 형태들의 집합에 대해, $\vee$와$\wedge$는 +와 $\cdot$의 역할을 하고, 항진명제 t와 모순명제 c는 1과 0의 역할을 하고, ~는 −의 역할을 한다.

공집합이 아닌 집합 U의 부분집합들의 집합에 대해, $\cup$와 $\cap$는 +와 $\cdot$의 역할을 하고, U와 $\varnothing$은 1과 0의 역할을 하고, 여집합 연산 ^{c}는 −의 역할을 한다. 따라서 전체집합 U의 모든 부분집합들의 집합은 $\cup$와 $\cap$의 연산을 갖는 부울 대수이고 집합의 유한개의 변수를 갖는 모든 명제 형태들의 집합은 $\vee$그리고 $\wedge$의 연산을 갖는 부울 대수이다. 임의의 부울 대수에서, 각각 원소의 보원은 유일하고, 0과 1은 유일하다.

〖정리〗

1.4.2 부울 대수의 성질

B를 부울 대수라 하자.

[1] 보법칙의 유일성: B에 속한 모든 a와 x에 대하여, 만약 $a+x=1$이고 $a \cdot x=0$이면, $x=\bar{a}$이다.

[2]0과 1의 유일성: 만약 B에 속한 모든 a에 대하여, $a+x=a$를 만족시키는 x가 B에 존재하면 $x=0$이고, 만약 B에 속한 모든 a에 대하여, $a \cdot y=a$를 만족시키는 x가 B에 존재하면 $y=1$이다.

[3] 이중보법칙: 모든 $a \in B$에 대하여, $\bar{\bar{a}}=a$이다.

[4] 멱등법칙: 모든 $a \in B$에 대하여

(1) $a+a=a$ and (2) $a \cdot a=a$

[5] 전체한계법칙: 모든 $a \in B$에 대하여,

(1) $a+1=1$ and (2) $a \cdot 0=0$

[6] 드모르간의 법칙: 모든 $a, b \in B$에 대하여

(1) $\overline{a+b}=\bar{a} \cdot \bar{b}$ and (2) $\overline{a \cdot b}=\bar{a}+\bar{b}$

[7] 흡수법칙: 모든 $a, b \in B$에 대하여,

(1) $(a+b) \cdot a=a$ and (2) $(a \cdot b)+a=a$

[8] 0과 1의 보원들:

(1) $\bar{0}=1$ and (2) $\bar{1}=0$

[증명]

[1]: 보법칙의 유일성

a와 x는 특별하지만 임의로 선택된 B의 원소들로서 $a+x=1$ 그리고 $a \cdot x=0$를 만족시킨다고 가정하자. 그러면

$x=x \cdot 1$	1은 • 에 대한항등원이기 때문에
$=x \cdot (a+\overline{a})$	+ 에 대한보법칙에 의해
$=x \cdot a+x \cdot \overline{a}$	+ 상의 • 에 대한분배법칙에 의해
$=a \cdot x+x \cdot \overline{a}$	• 에 대한교환법칙에 의해
$=0+x \cdot \overline{a}$	가정에 의해
$=a \cdot \overline{a}+x \cdot \overline{a}$	• 에 대한보법칙에 의해
$=(\overline{a} \cdot a)+(\overline{a} \cdot x)$	• 에 대한교환법칙에 의해
$=\overline{a} \cdot (a+x)$	+ 상의 • 에 대한분배법칙에 의해
$=\overline{a} \cdot 1$	가정에 의해
$=\overline{a}$	1은 • 에 대한항등원이기 때문에

이 정리의 다른 부분들은 아래에 있는 예제와 연습문제에서 증명한다.

여러분은 아마도 부울 대수에 관한 정의의 모든 부분들과 **정리 1.4.2**의 모든 부분들이 쌍으로 된 명제들을 포함한다는 것을 알 것이다. 예를 들어 분배법칙은 B에 속한 모든 $a, b,$그리고 c에 대하여

(1) $a+(b \cdot c)=(a+b) \cdot (a+c)$ and (2) $a \cdot (b+c)=(a \cdot b)+(a \cdot c)$

그리고 항등원법칙은 B에 속한 모든 a에 대하여

(1) $a+0=a$ and (2) $a \cdot 1=a$

쌍으로 된 명제들의 각각은 +와 •표시 그리고 0과 1의 상호교환에 의한 다른 것으로부터 얻는다. 그러한 치환은 임의의 부울 항등

식을 그것의 **쌍대(dual)** 항등식으로 변환한다.

임의의 부울 항대식의 쌍대는 또한 항등식임이 증명될 수 있다. 이러한 사실은 종종 부울 대수에 대한 **쌍대성 원리(duality principle)**라 불린다.

【예제】 1.4.3

이중보법칙의 증명

부울 대수 B에 속하는 모든 원소 a에 대하여, $\overline{\overline{a}}=a$임을 증명하라.

[풀이]

B는 부울 대수 그리고 a는 B의 임의의 원소라 가정하면서 출발하라. 증명에 대한 기본은 B의 각 원소는 어떤 방정식들을 만족시키는 유일한 보원을 가진다는 보법칙의 유일성이다.
그래서 만약 a가 $\overline{a}$와 관련된 방정식을 만족시킨다는 것을 보일 수 있다면, a는 $\overline{a}$의 보원임에 틀림없다.

〖정리〗 1.4.4

이중보법칙

부울 대수 B에 속한 모든 원소 a에 대하여, $\overline{\overline{a}}=a$이다.

[증명]

B는 부울 대수이고 a는 B의 원소라 가정하자. 그러면

$$\overline{a}+a=a+\overline{a} \quad \text{교환법칙에 의해}$$
$$=1 \quad \text{1에 대한 보법칙에 의해}$$

그리고

$$\overline{a}\cdot a=a\cdot\overline{a} \quad \text{교환법칙에 의해}$$
$$=0 \quad \text{0에 대한 보법칙에 의해}$$

그래서 a가 $\overline{a}$의 보원에 의해 충족되는 $\overline{a}$와 관련된 두 방정식을 만족시킨다. a의 보원이 유일하다는 사실로부터, $\overline{(\overline{a})}=a$라는 결론을 내릴 수 있다.

【예제】 1.4.5

멱등법칙의 증명

부울 대수 B에 속한 모든 원소 a에 대하여, $a+a=a$이다의 다음 증명에서 빈 칸을 채워라.

[증명]

B는 부울 대수이고, a는 B의 원소라 가정하자.

$$\begin{aligned} a &= a+0 && \underline{(1)} \\ &= a+(a\cdot\overline{a}) && \underline{(2)} \\ &= (a+a)\cdot(a+\overline{a}) && \underline{(3)} \\ &= (a+a)\cdot 1 && \underline{(4)} \\ &= a+a && \underline{(5)} \end{aligned}$$

[풀이]

(1) 0은 +에 대한 항등원이기 때문에

(2) •에 대한 보법칙에 의해

(3) $\cdot$상의 +에 대한 분배법칙에 의해
(4) +에 대한 보법칙에 의해
(5) 1은 $\cdot$에 대한 항등원이기 때문에

【예제】 1.4.6

부울 대수 B에 속한 모든 원소 a에 대하여, $a \cdot a = a$ 이다
다음 증명에서 빈 칸을 채워라.

[증명]

B는 부울 대수이고, a는 B의 원소라 가정하자. 그러면

$$
\begin{aligned}
a &= a \cdot 1 && \underline{(1)} \\
&= a \cdot (a + \bar{a}) && \underline{(2)} \\
&= (a \cdot a) + (a \cdot \bar{a}) && \underline{(3)} \\
&= (a \cdot a) + 0 && \underline{(4)} \\
&= a \cdot a && \underline{(5)}
\end{aligned}
$$

[풀이]

(1) 1 은 $\cdot$에 대한 항등원이기 때문에
(2) +에 대한 보법칙에 의해
(3) +상의 $\cdot$에 대한 분배법칙에 의해
(4) $\cdot$에 대한 보법칙에 의해
(5) 0은 +에 대한 항등원이기 때문에

【유제】 1.4.7

부울 대수 B에 속한 모든 원소 a에 대하여, $a \cdot 0 = 0$ 이다
의 다음 증명에서 빈칸을 채워라.

[증명]

B는 부울 대수이고, a는 B의 원소라 가정하자. 그러면

$$
\begin{aligned}
a \cdot 0 &= a \cdot (a \cdot \overline{a}) && \underline{(1)} \\
&= (a \cdot a) \cdot \overline{a} && \underline{(2)} \\
&= a \cdot \overline{a} && \underline{(3)} \\
&= 0 && \underline{(4)}
\end{aligned}
$$

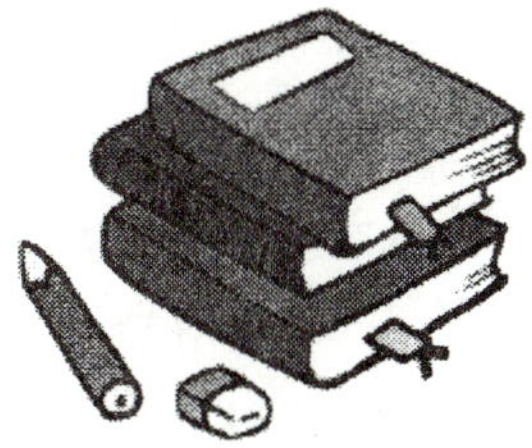

제2장 행렬과 행렬의 종류

2.1 행렬과 연산

☞ 행렬

행렬(matrix)이란 실수, 복소수와 같은 수나 문자들을 직사각형의 모양으로 배열한 후 괄호로 묶어놓은 것이다. 일반 적으로 mn개의 수 $a_{ij}(i=1,2,\cdots,m;j=1,2\cdots,n)$를

$$A=\begin{pmatrix} a_{11} & a_{12} & \cdots & a_{1n} \\ a_{21} & a_{22} & \cdots & a_{2n} \\ \vdots & \vdots & & \vdots \\ a_{m1} & a_{m2} & \cdots & a_{mn} \end{pmatrix} \quad \text{또는} \quad A=\begin{bmatrix} a_{11} & a_{12} & \cdots & a_{1n} \\ a_{21} & a_{22} & \cdots & a_{2n} \\ \vdots & \vdots & & \vdots \\ a_{m1} & a_{m2} & \cdots & a_{mn} \end{bmatrix}$$

과 같이 배열한 것을 **행렬(matrix)**이라 정의한다. 또한 여기서 $a_{11,}a_{12},\cdots,a_{mn}$ 을 행렬의 **원소(element)** 또는 **성분(entry)**이라 한다.

행렬 의 가로 줄을 **행(row)**이라 하고, 세로 줄을 **열(column)**이라 하며, m개의 행과 n개의 열을 가지는 행렬을 $m\times n$ **행렬** 또는 **(m,n)형** 행렬이라 한다.(이때 $m\times n$을 행렬의 크기라 한다). 행렬을 표기할 때 행렬 A를 $A=[a_{ij}]_{m\times n}=(a_{ij})_{m\times n}$ 또는 $A=[a_{ij}]=(a_{ij})$로 나타내기도 한다. 여기서 a_{ij} 는 행렬을 $m\times n$ 행렬 A 의 i 번째 행과 j 번째

열이 만나는 원소를 나타낸다.

여기서 행의 수와 열의 수가 같은, 즉 $n=m$ 인 행렬을 n**차 정사각행렬**(square matrix of order n)이라 한다. n차 정사각행렬 $A=[a_{ij}]$의 왼쪽 위로부터 오른쪽 아래 방향의 원소 a_{ij} 중에서 $i=j$인 대각선상에 있는 원소들 $a_{11}, a_{22}, \cdots, a_{nn}$을 **주대각선원소**(main diagonal element) 또는 **대각원소**라 부른다. 대각원소를 제외한 나머지 원소가 모두 0일 때 A를 **대각행렬**(diagonal matrix)이라 한다.

【정의】 2.1.1

행벡터(row vector) 와 **열벡터**(column vector)

행렬 $A=[a_{ij}]_{m\times n}=(a_{ij})_{m\times n}$ 에서 A의 제 i 행으로 만든 $1\times n$ 행렬,

$$A_i=(a_{i1}, a_{i2}, \cdots, a_{in}),\ i=1,2,\cdots,m$$

을 **행벡터**(row vector)라 하고, A의 제 j 열로 만든 $m\times 1$행렬,

$$A^j=\begin{pmatrix} a_{1j} \\ a_{2j} \\ \vdots \\ a_{mj} \end{pmatrix},\ j=1,2,\cdots,n$$

을 **열벡터**(column vector)라 한다.

☞ 영행렬(zero matrix)

행렬의 모든 원소가 0 인 행렬을 **영행렬**(zero matrix) 이라고 정의하고 O 로 나타낸다.

특히, O 을 $m \times n$ 행렬임을 표시하고자 할 때에는 $O_{m \times n}$ 이라고 쓴다. 만일 n 차 정사각 영행렬이면 간단히 O_n 으로 쓴다.

다음과 같은 행렬들이 영행렬이다.

$$(0),\ \begin{pmatrix} 0 & 0 \\ 0 & 0 \end{pmatrix},\ \begin{pmatrix} 0 \\ 0 \\ 0 \end{pmatrix},\ \begin{pmatrix} 0 & 0 & 0 \\ 0 & 0 & 0 \end{pmatrix},\ \begin{pmatrix} 0 & 0 \\ 0 & 0 \\ 0 & 0 \end{pmatrix},\ \begin{pmatrix} 0 & 0 & 0 \\ 0 & 0 & 0 \\ 0 & 0 & 0 \end{pmatrix}$$

【예제】 2.1.2

다음 세 행렬 A, B, C 크기를 말하여라.

$$A = \begin{pmatrix} 1 & 2 \\ 3 & 4 \\ 5 & 6 \end{pmatrix},\ B = \begin{pmatrix} 7 & 8 \\ 9 & 0 \end{pmatrix},\ C = \begin{pmatrix} 1 & 1 & 1 \\ a & b & c \end{pmatrix}$$

[풀이]

행렬 A 의 크기는 3×2 이고, B 의 크기는 2×2 C 의 크기는 2×3 이다.

☞ 행렬의 상등

행렬 $A = [a_{ij}]_{m \times n} = (a_{ij})_{m \times n}$, $B = [b_{ij}]_{m \times n} = (b_{ij})_{m \times n}$ 에서 대응하는 두 원소가 모두 같을 때, **두 행렬이 같다**고 정의하고, $A = B$ 로 나타낸다. 다시 말하면, 두 행렬의 모양과 크기가 같고, 각각의 성분 a_{ij}, b_{ij} 에 대하여 $a_{ij} = b_{ij}$ 일 때, 두 행렬은 같은 것이다.

$$A = B \Rightarrow \begin{pmatrix} a_{11} & a_{12} & \cdots & a_{1n} \\ a_{21} & a_{22} & \cdots & a_{2n} \\ \vdots & & & \vdots \\ a_{m1} & a_{m2} & \cdots & a_{mn} \end{pmatrix} = \begin{pmatrix} b_{11} & b_{12} & \cdots & b_{1n} \\ b_{21} & b_{22} & \cdots & b_{2n} \\ \vdots & & & \vdots \\ b_{m1} & b_{m2} & \cdots & b_{mn} \end{pmatrix}$$

☞ 행렬의 덧셈

행렬의 덧셈은 행렬의 모양과 크기가 같을 경우에만 가능하고 , A 와 B 가 $m \times n$ 행렬일 때, 행렬의 덧셈과 뺄셈은 대응하는 원소들의 **합과 차**로 정의한다. 계산은 다음과 같이 하면 된다.

$$A \pm B = \begin{pmatrix} a_{11} & a_{12} & \cdots & a_{1n} \\ a_{21} & a_{22} & \cdots & a_{2n} \\ \vdots & & & \vdots \\ a_{m1} & a_{m2} & \cdots & a_{mn} \end{pmatrix} \pm \begin{pmatrix} b_{11} & b_{12} & \cdots & b_{1n} \\ b_{21} & b_{22} & \cdots & b_{2n} \\ \vdots & & & \vdots \\ b_{m1} & b_{m2} & \cdots & b_{mn} \end{pmatrix}$$

$$= \begin{pmatrix} a_{11} \pm b_{11} & a_{12} \pm b_{12} & \cdots & a_{1n} + b_{1n} \\ a_{21} \pm b_{21} & a_{22} \pm b_{22} & \cdots & a_{2n} + b_{2n} \\ \vdots & & & \vdots \\ a_{m1} \pm b_{m1} & a_{m2} \pm b_{m2} & \cdots & a_{mn} + b_{mn} \end{pmatrix}$$

$$= (a_{ij} \pm b_{ij})_{i=1,\cdots,m,\ j=1,\cdots,n}$$

☞ 행렬의 스칼라배

행렬 A 가 $m \times n$ 행렬이고 k 가 스칼라 일 때, **행렬의 스칼라배**는 주어진 스칼라를 행렬의 각 원소에 곱하는 것으로 정의한다.

$$kA = k\begin{pmatrix} a_{11} & a_{12} & \cdots & a_{1n} \\ a_{21} & a_{22} & \cdots & a_{2n} \\ \vdots & & & \vdots \\ a_{m1} & a_{m2} & \cdots & a_{mn} \end{pmatrix} = \begin{pmatrix} ka_{11} & ka_{12} & \cdots & ka_{1n} \\ ka_{21} & ka_{22} & \cdots & ka_{2n} \\ \vdots & & & \vdots \\ ka_{m1} & ka_{m2} & \cdots & ka_{mn} \end{pmatrix} = (ka_{ij})_{i=1,\cdots,m,\, j=1,\cdots,n}$$

일반적으로, $(-1)A$를 $-A$ 로 나타내며, 크기가 같은 두행렬 A, B 에 대하여 $A+(-1)B$ 를 $A-B$ 로 간단히 쓰고 A 와 B 의 차 로 정의한다.

【예제】 2.1.3

다음 세 행렬 A, B, C 에 대하여, $7A$, $B+C$ 를 계산하라.

$$A = \begin{pmatrix} 1 & 0 \\ 2 & 7 \\ 5 & 3 \end{pmatrix}, \quad B = \begin{pmatrix} -1 & -5 \\ 0 & 2 \end{pmatrix}, \quad C = \begin{pmatrix} 1 & 5 \\ 4 & 2 \end{pmatrix}$$

[풀이]

$$7A = 7\begin{pmatrix} 1 & 0 \\ 2 & 7 \\ 5 & 3 \end{pmatrix} = \begin{pmatrix} 7 & 0 \\ 14 & 49 \\ 35 & 21 \end{pmatrix}$$

$$B+C = \begin{pmatrix} -1 & -5 \\ 0 & 2 \end{pmatrix} + \begin{pmatrix} 1 & 5 \\ 4 & 2 \end{pmatrix} = \begin{pmatrix} 0 & 0 \\ 4 & 4 \end{pmatrix}$$

【예제】 2.1.4

다음에 주어진 행렬에 대하여 덧셈을 할 수 있는지를 말하라.

$$A = \begin{pmatrix} 2 & -1 & 3 \\ 0 & 4 & 6 \\ -6 & 10 & -5 \end{pmatrix}, \quad B = \begin{pmatrix} 4 & 7 & -8 \\ 9 & 3 & 5 \\ 1 & -1 & 2 \end{pmatrix} \quad C = \begin{pmatrix} 1 & 2 & 3 \\ 4 & 5 & 6 \end{pmatrix}, \quad D = \begin{pmatrix} 1 & 0 \\ 1 & 0 \end{pmatrix}$$

(1) $A+B$ (2) $C+D$

[풀이]

(1) $A=\begin{pmatrix} 2 & -1 & 3 \\ 0 & 4 & 6 \\ -6 & 10 & -5 \end{pmatrix}$와 $B=\begin{pmatrix} 4 & 7 & -8 \\ 9 & 3 & 5 \\ 1 & -1 & 2 \end{pmatrix}$

의 합은

$$A+B=\begin{pmatrix} 2+4 & -1+7 & 3-8 \\ 0+9 & 4+3 & 5+6 \\ -6+1 & 10-1 & -5+2 \end{pmatrix}$$

이다.

(2) $C=\begin{pmatrix} 1 & 2 & 3 \\ 4 & 5 & 6 \end{pmatrix}$ 와 $D=\begin{pmatrix} 1 & 0 \\ 1 & 0 \end{pmatrix}$ 는 모양과 크기가 다르므로 합을 정의 할 수 없다.

【예제】 2.1.5

스칼라배의 정의에 의해서

$$5\begin{pmatrix} 2 & -3 \\ 4 & -1 \\ \frac{1}{5} & 6 \end{pmatrix}=\begin{pmatrix} 5(2) & 5(-3) \\ 5(4) & 5(-1) \\ 5(\frac{1}{5}) & 5(6) \end{pmatrix}=\begin{pmatrix} 10 & -15 \\ 20 & -5 \\ 1 & 30 \end{pmatrix}$$

이다.

〖정리〗 2.1.6

행렬 덧셈과 스칼라배에 대한 성질

A, B와 C를 $m\times n$ 행렬이라 하고 α 와 β를 스칼라라 가정하면, 다음이 성립한다.

(1) $A+B = B+A$ (덧셈의 교환법칙)

(2) $A+(B+C) = (A+B)+C$ (덧셈의 결합법칙)

(3) $A+0 = 0+A = A$

(4) $A+(-A) = (-A)+A = 0$

(5) $(\alpha\beta)A = \alpha(\beta A)$ (곱의 결합법칙)

(6) $1A = A$

(7) $\alpha(A+B) = \alpha A + \alpha B$ (분배법칙)

(8) $(\alpha+\beta)A = \alpha A + \beta A$ (분배법칙)

【정의】 2.1.7
행렬의 곱셈

A를 m개의 행과 P개의 열을 갖는 행렬 $A=(a_{ij})_{m\times p}$이라 하고, B를 p개의 행과 n개의 열을 갖는 행렬 $B=(b_{jk})_{p\times n}$ 에 대하여 행렬 A 의 열의 수와 행렬 B의 행의 수가 같을 때 두 행렬의 곱을 정의할 수 있고, 곱 AB는 $m\times n$행렬이 된다.

$$AB=\begin{pmatrix} a_{11} & a_{12} & \cdots & a_{1p} \\ a_{21} & a_{22} & \cdots & a_{2p} \\ \vdots & & & \vdots \\ a_{m1} & a_{m2} & \cdots & a_{mp} \end{pmatrix}\begin{pmatrix} b_{11} & b_{12} & \cdots & b_{1n} \\ b_{21} & b_{22} & \cdots & b_{2n} \\ \vdots & \vdots & & \vdots \\ b_{p1} & b_{p2} & \cdots & b_{pn} \end{pmatrix}$$

$$=\begin{pmatrix} a_{11}b_{11}+a_{12}b_{21}+\cdots+a_{1p}b_{p1} & \cdots & a_{11}b_{1n}+a_{12}b_{2n}+\cdots+a_{1p}b_{pn} \\ a_{21}b_{11}+a_{22}b_{21}+\cdots+a_{2p}b_{p1} & \cdots & a_{21}b_{1n}+a_{22}b_{2n}+\cdots+a_{2p}b_{pn} \\ \vdots & & \vdots \\ a_{m1}b_{11}+a_{m2}b_{21}+\cdots+a_{mp}b_{p1} & \cdots & a_{m1}b_{1n}+a_{m2}b_{2n}+\cdots+a_{mp}b_{pn} \end{pmatrix}$$

$$=\left(\sum_{i=1}^{p} a_{ik}b_{kj}\right)_{m\times n}$$

행렬 A의 열의 수와 행렬 B의 행의 수가 같지 않을 때는 두 행렬의 곱은 정의할 수 없으며, 행렬 곱은 일반적으로 교환법칙(commutative)이 성립하지 않는다.

즉, $BA \neq AB$이다.

【예제】 2.1.8

다음 행렬들의 곱을 구하라.

$$(1)A=\begin{pmatrix}4 & 7\\ 3 & 5\end{pmatrix},\ B=\begin{pmatrix}9 & -2\\ 6 & 8\end{pmatrix} \qquad (2)A=\begin{pmatrix}5 & 8\\ 1 & 0\\ 2 & 7\end{pmatrix},\ B=\begin{pmatrix}-4 & -3\\ 2 & 0\end{pmatrix}$$

[풀이]

$$(1)AB=\begin{pmatrix}(4)(9)+(7)(9) & (4)(-2)+(7)(8)\\ (3)(9)+(5)(6) & (3)(-2)+(5)(8)\end{pmatrix}=\begin{pmatrix}78 & 48\\ 57 & 34\end{pmatrix}$$

$$(2)AB=\begin{pmatrix}(5)(-4)+(8)(2) & (5)(-3)+(8)(0)\\ (1)(-4)+(0)(2) & (1)(-3)+(0)(0)\\ (2)(-4)+(7)(2) & (2)(-3)+(7)(0)\end{pmatrix}=\begin{pmatrix}-4 & -15\\ -4 & -3\\ 6 & -6\end{pmatrix}$$

【예제】 2.1.9

(1)에서 $AB=\begin{pmatrix}78 & 48\\ 57 & 34\end{pmatrix}$이고 $BA=\begin{pmatrix}30 & 53\\ 48 & 82\end{pmatrix}$라서 $BA \neq AB$ 이나,

한편, (2)에서는, 첫 번째 행렬 B 가 둘째 행렬 A가 갖는 행의 개수와 열의 개수가 같지 않으므로 곱 BA는 계산할 수 없다.

【유제】 2.1.9

다음 행렬들의 곱을 구하라.

(1) $A=\begin{pmatrix}-4 & 1\\ 2 & 5\end{pmatrix}$, $B=\begin{pmatrix}-1 & -2\\ 3 & 4\end{pmatrix}$ (2) $A=\begin{pmatrix}3 & -1\\ 1 & 0\\ 2 & 4\end{pmatrix}$, $B=\begin{pmatrix}-7 & 1\\ -2 & 0\end{pmatrix}$

【예제】 2.1.10

(1) $\begin{pmatrix}2 & -1 & 3\\ 0 & 4 & 5\\ 1 & -7 & 9\end{pmatrix}\begin{pmatrix}-3\\ 6\\ 4\end{pmatrix}=\begin{pmatrix}2(-3)+(-1)6+(3)(4)\\ 0(-3)+(4)(6)+(5)(4)\\ 1(-3)+(-7)6+(9)(4)\end{pmatrix}=\begin{pmatrix}0\\ 44\\ -9\end{pmatrix}$

(2) $\begin{pmatrix}-4 & 2\\ 3 & 8\end{pmatrix}\begin{pmatrix}x_1\\ x_2\end{pmatrix}=\begin{pmatrix}-4x_1+2x_2\\ 3x_1+8x_2\end{pmatrix}$

【유제】 2.1.11

다음 행렬에 대하여 주어진 식을 계산하여라.

$$A=\begin{pmatrix}1 & 0 & -1\\ 1 & 1 & 0\end{pmatrix} \qquad B=\begin{pmatrix}-1 & 2 & 1\\ 1 & 0 & 2\end{pmatrix}$$

(1) $-A$ (2) $A+B$ (3) $2A-3B$

【유제】 2.1.12

다음 행렬들의 곱을 구한 후 교환법칙이 성립하지 않음을 보여라.

(1) $A=\begin{pmatrix}-4 & 1\\ 2 & 5\end{pmatrix}$, $B=\begin{pmatrix}-7 & 1\\ -2 & 0\end{pmatrix}$

【유제】 2.1.13

다음 행렬의 곱을 계산하여라.

(1) $\begin{pmatrix} 1 & -1 \\ 2 & -2 \\ 3 & -3 \end{pmatrix}\begin{pmatrix} 1 & 2 & 3 \\ -1 & -2 & -3 \end{pmatrix}$ (2) $\begin{pmatrix} 1 & 2 & 3 \\ 4 & 5 & 6 \\ 7 & 8 & 9 \end{pmatrix}\begin{pmatrix} 1 & 4 & 7 \\ 2 & 5 & 8 \\ 3 & 6 & 9 \end{pmatrix}$

2.2 행렬의 종류

특수행렬 행렬론에서 어떤 특수한 성질을 갖기 때문에, 중요한 특수한 많은 종류의 행렬이 있다. 다음은 이들 행렬에 대하여 알아 본다.

☞ 전치행렬(transpose matrix)

【정의】 2.2.1

$m \times n$ 행렬 $A = [a_{ij}]_{m \times n} = (a_{ij})_{m \times n}$에서 행과 열을 차례로 바꾼 행렬을 전치행렬(transpose matrix) 이라 하고 A^T로 나타낸다. 즉, $m \times n$ 행렬

$$A = \begin{pmatrix} a_{11} & a_{12} & \cdots & a_{1n} \\ a_{21} & a_{22} & \cdots & a_{2n} \\ \vdots & \vdots & & \vdots \\ a_{m1} & a_{m2} & \cdots & a_{mn} \end{pmatrix}$$

행렬의 전치(transpose)는 $A^T = \begin{pmatrix} a_{11} & a_{21} & \cdots & a_{m1} \\ a_{12} & a_{22} & \cdots & a_{m2} \\ \vdots & & & \vdots \\ a_{1n} & a_{2n} & \cdots & a_{mn} \end{pmatrix}$

로 주어지는 $n \times m$ 행렬이다.

【예제】 2.2.2

(1) $A=\begin{pmatrix} 3 & 2 & -1 \\ 6 & 5 & 2 \\ 2 & 1 & 4 \end{pmatrix}$이면, $A^T=\begin{pmatrix} 3 & 6 & 2 \\ 2 & 5 & 1 \\ -1 & 2 & 4 \end{pmatrix}$이다.

(2) $B=\begin{pmatrix} 5 \\ 0 \\ 3 \end{pmatrix}$이면, $B^T=(5\ \ 0\ \ 3)$이다.

【정리】 2.2.3

전치행렬의 성질

A와 B가 행렬이고 k가 스칼라이면,

(1) $(A^T)^T = A$

(2) $(A+B)^T = A^T + B^T$ (합의 전치)

(3) $(AB)^T = B^T A^T$ (곱의 전치)

(4) $(kA)^T = kA^T$ (스칼라배의 전치)

이다.

☞ 삼각행렬(triangular matrix)

정사각행렬에서 주대각선 아래 모든 원소가 0이거나 또는 주대각선 위의 모든 원소가 0인 $n\times n$행렬을 **삼각행렬**이라 한다. 더욱 엄밀하게 말하면, $i<j$에 대하여 $a_{ij}=0$ 이면 **상(upper) 삼각**행렬이라 하고, 또는 $i<j$에 대하여 $a_{ij}=0$ 인 정사각 행렬은 **하(lower) 삼각**행렬이라 한다

다음 행렬들은 삼각행렬이다.

$$A = \begin{pmatrix} 1 & 2 & 3 & 4 \\ 0 & 5 & 6 & 7 \\ 0 & 0 & 8 & 9 \\ 0 & 0 & 0 & -1 \end{pmatrix} \quad \text{상 삼각행렬,}$$

$$B = \begin{pmatrix} 2 & 0 & 0 & 0 & 0 \\ 1 & 5 & 0 & 0 & 0 \\ 6 & 9 & 3 & 0 & 0 \\ 1 & 2 & 3 & 4 & 0 \\ 5 & 4 & 3 & 2 & 1 \end{pmatrix} \quad \text{하 삼각행렬}$$

☞ 대각행렬

주대각선 위에 있지 않은 모든 원소가 0인 $n \times n$행렬을 **대각행렬**이라 한다.

다음은 대각행렬 이다.

$$\begin{pmatrix} 3 & 0 & 0 \\ 0 & 4 & 0 \\ 0 & 0 & 5 \end{pmatrix}$$

☞ 스칼라행렬

대각행렬 A의 원소 a_{ii}가 모두 같으면, A를 **스칼라행렬**이라 한다.

예를 들어,

$$\begin{pmatrix} 7 & 0 \\ 0 & 7 \end{pmatrix}$$

는 스칼라행렬이다. $n \times n$ 스칼라행렬은 단지 주대각선 위의 원소가

모두 1과 같은 대각행렬의 스칼라배일 뿐이다. 예를 들어,

$$\begin{pmatrix} 7 & 0 \\ 0 & 7 \end{pmatrix} = 7\begin{pmatrix} 1 & 0 \\ 0 & 1 \end{pmatrix}$$

이다.

☞ 항등행렬(identity matrix)

대각행렬에서 주대각성분이 모두 1 인 행렬을 **항등행렬**(identity matrix) 이라 한다.

일반적으로, $n \times n$ 행렬

$$\begin{pmatrix} 1 & 0 & 0 & \cdots & 0 \\ 0 & 1 & 0 & \cdots & 0 \\ \vdots & & & & \vdots \\ 0 & 0 & 0 & \cdots & 1 \end{pmatrix}$$

을 기호 I (또는, I_n)로 나타내고 행렬 I를 **항등행렬**(identity matrix) 또는 **단위행렬**이라고 한다.

☞ 대칭행렬(symmetric matrix)

$A^T = A$ 이면 $n \times n$ 행렬 A를 **대칭행렬(symmetric matrix)**이라 한다. 즉, 모든 i와 j에 대하여 $a_{ij} = a_{ji}$이면, A는 대칭행렬이다. 이것은 대칭행렬의 원소들이 이 행렬의 주대각선에 관하여 대칭이라는 뜻이다. 예를 들어, 행렬

$$A = \begin{pmatrix} 1 & 3 & 9 \\ 3 & 5 & 6 \\ 9 & 6 & 4 \end{pmatrix}$$

는 대칭행렬이다. 그리고 A의 전치를 취하면

$$A^T = \begin{pmatrix} 1 & 3 & 9 \\ 3 & 5 & 6 \\ 9 & 6 & 4 \end{pmatrix} = A$$

임을 알 수 있다.

☞ 교대행렬(skew-symmetric matrix)

$A^T = -A$이면 $n \times n$ 행렬 A를 **교대행렬(skew-symmetric matrix)** 이라 한다. 즉, 모든 i와 j에 대하여 $a_{ij} = -a_{ji}$이면, A는 교대행렬이다.

【예제】 2.2.4

행렬 $A = \begin{pmatrix} 0 & 0 & -1 \\ 0 & 0 & 5 \\ 1 & -5 & 0 \end{pmatrix}$ 는 교대행렬이다.

[풀이]

$$A^T = \begin{pmatrix} 0 & 0 & -1 \\ 0 & 0 & 5 \\ 1 & -5 & 0 \end{pmatrix}^T = \begin{pmatrix} 0 & 0 & 1 \\ 0 & 0 & -5 \\ -1 & 5 & 0 \end{pmatrix} \text{ 이고,}$$

$$-A^T = -\begin{pmatrix} 0 & 0 & -1 \\ 0 & 0 & 5 \\ 1 & -5 & 0 \end{pmatrix}^T = -\begin{pmatrix} 0 & 0 & 1 \\ 0 & 0 & -5 \\ -1 & 5 & 0 \end{pmatrix} = A$$

그러므로, A 는 교대행렬이다.

【정리】 2.2.5

정방행렬 $A=(a_{ij})_{n\times n}$ 에 대하여 다음이 성립한다.

(1) $A+A^T$, AA^T 는 대칭행렬이다.
(2) $A-A^T$ 는 교대행렬이다.
(3) 정방행렬 A 는 대칭행렬과 교대행렬의 합으로 나타내어진다.

【예제】 2.2.6

$A=\begin{pmatrix} 0 & 1 \\ -1 & 1 \end{pmatrix}$ 를 대칭행렬과 교대행렬의 합으로 나타내라.

[풀이]

$A=\begin{pmatrix} 0 & 1 \\ -1 & 1 \end{pmatrix}$ 에 대하여 $A+A^T$, $A-A^T$ 를 구하면

$$A^T=\begin{pmatrix} 0 & -1 \\ 1 & 1 \end{pmatrix},$$

$$A+A^T=\begin{pmatrix} 0 & 1 \\ -1 & 1 \end{pmatrix}+\begin{pmatrix} 0 & -1 \\ 1 & 1 \end{pmatrix}=\begin{pmatrix} 0 & 0 \\ 0 & 2 \end{pmatrix},$$

$$A-A^T=\begin{pmatrix} 0 & 1 \\ -1 & 1 \end{pmatrix}-\begin{pmatrix} 0 & -1 \\ 1 & 1 \end{pmatrix}=\begin{pmatrix} 0 & 2 \\ -2 & 0 \end{pmatrix},$$

따라서 $A=\frac{1}{2}(A+A^T)+\frac{1}{2}(A-A^T)$

즉, $A=\begin{pmatrix} 0 & 1 \\ -1 & 1 \end{pmatrix}=\frac{1}{2}\begin{pmatrix} 0 & 0 \\ 0 & 2 \end{pmatrix}+\frac{1}{2}\begin{pmatrix} 0 & 2 \\ -2 & 0 \end{pmatrix}=\begin{pmatrix} 0 & 0 \\ 0 & 1 \end{pmatrix}+\begin{pmatrix} 0 & 1 \\ -1 & 0 \end{pmatrix}$

☞ 역행렬(inverse matrix)

정방행렬 $A=(a_{ij})_{n\times n}$에 대하여 $AB=BA$를 만족하는 정방행렬 $B=(b_{ij})_{n\times n}$가 오직 하나 존재 할 때, 이 행렬 B를 A의 역행렬이라 하고 A^{-1} 로 나타낸다.

이때 역행렬을 갖는 행렬 A를 가역행렬(invertible matrix) 또는 정칙행렬(nonsingular matrix) 이라 한다.

그리고 가역행렬이 아닌 행렬을 비정칙행렬 (singular matrix) 또는 비가역행렬이라 한다.

☞ 영인자(zero divisor)

정방행렬 $A=(a_{ij})_{n\times n} \neq O$ 에 대해서 $AB=O, BA=O$ 이 되는 행렬 $B=(b_{ij})_{n\times n}\neq O$ 가 존재 할 때, 행렬 A 를 **영인자**(zero divisor)라 한다.

【정리】 2.2.7

가역행렬 $A=(a_{ij})_{n\times n}\neq O$, $B=(b_{ij})_{n\times n}\neq O$ 대해서 다음이 성립한다.

(1) $I_n^{-1}=I_n$ (2) $(A^{-1})^{-1}=A$

(3) $(AB)^{-1}=B^{-1}A^{-1}$ (4) $(kA)^{-1}=\frac{1}{k}A^{-1}$

[증명]

(1) $I_nI_n=I_n$ 이므로 명백하다.

(2) $A^{-1}A=AA^{-1}=I_n$ 이므로 A^{-1}가 가역이고 $(A^{-1})^{-1}=A$ 가

된다.

(3) $(AB)(B^{-1}A^{-1}) = (A(BB^{-1}))A^{-1} = (AI_n)A^{-1} = AA^{-1} = I_n$ 이고,

같은 방법으로 $(B^{-1}A^{-1})(AB) = I_n$ 이다.

그러므로, AB는 가역이고, $(AB)^{-1} = B^{-1}A^{-1}$ 이다.

(4) $(kA)(\frac{1}{k}A^{-1}) = (k\frac{1}{k})(AA^{-1}) = AA^{-1} = I$ 이고, 마찬가지로

$(\frac{1}{k}A^{-1})(kA) = I$ 이므로 $(kA)^{-1} = \frac{1}{k}(A^{-1})$ 이다.

【예제】 2.2.8

행렬 $A = \begin{pmatrix} a & b \\ c & d \end{pmatrix}$ 가 가역행렬이 될 필요충분조건은

$ad - bc \neq 0$ 이고 이때,

$A^{-1} = \frac{1}{ad-bc}\begin{pmatrix} d & -b \\ -c & a \end{pmatrix}$ 임을 보여라.

[풀이]

$ad - bc \neq 0$ 일 때, 행렬 A^{-1}을 아래와 같이 정의하자.

$$A^{-1} = \frac{1}{ad-bc}\begin{pmatrix} d & -b \\ -c & a \end{pmatrix}$$

그러면 $AA^{-1} = A^{-1}A = I$ 를 만족한다. 따라서 A는 가역행렬이다.

역으로 A가 역행렬 $X = \begin{pmatrix} x & y \\ u & v \end{pmatrix}$ 를 가진다고 가정하자. 그러면 정의에 의해서

$$AX = \begin{pmatrix} a & b \\ c & d \end{pmatrix}\begin{pmatrix} x & y \\ u & v \end{pmatrix} = \begin{pmatrix} ax+bu & ay+bv \\ cx+du & cy+dv \end{pmatrix} = \begin{pmatrix} 1 & 0 \\ 0 & 1 \end{pmatrix} = I$$ 이어야 한다.

즉,

$$\begin{cases} ax + bu = 1 & (1) \\ ay + bv = 0 & (2) \\ cx + du = 0 & (3) \\ cy + dv = 1 & (4) \end{cases}$$

을 얻는다. 따라서, 위 식들을 연립하여 풀어서 x, y, u, v 를 구하면 된다.

만일 $ad-bc=0$ 이면 (1)~(4)의 연립방정식을 푸는데 있어서 $a=b=c=d=0$ 이 되어 (1) 과 (4) 에 모순된다. 따라서 $ad-bc\neq 0$ 이다. 그러므로

$$x=\frac{d}{cd-bc'} \quad y=\frac{-b}{ad-bc'} \quad u=\frac{-c}{ad-bc'} \quad v=\frac{a}{ad-bc}$$ 로 되어,

$$X=\begin{pmatrix} x & y \\ u & v \end{pmatrix}=\frac{1}{ad-bc}\begin{pmatrix} d & -b \\ -c & a \end{pmatrix}$$

이다. 또한 $AX=XA=I$ 가 성립하므로 $X=A^{-1}$ 이다.

【예제】 2.2.9

$A=\begin{pmatrix} 1 & 2 \\ 3 & 4 \end{pmatrix}$ 의 역행렬이 존재하는가? 존재하면 그 역행렬을 구하여라.

[풀이]

위 **예제2.16**에 의해서 $ad-bc=-2\neq 0$ 이므로 역행렬이 존재하고

$$A^{-1}=\frac{1}{-2}\begin{pmatrix} 4 & -2 \\ -3 & 1 \end{pmatrix}=\begin{pmatrix} -2 & 1 \\ \frac{3}{2} & \frac{-1}{2} \end{pmatrix}$$

임을 알 수 있다.

일반적인 n차 정사각행렬의 역행렬이 존재하는지에 대한 것은 나중에 다룰 것이다.

【유제】 2.2.10

$A=\begin{pmatrix} 1 & -2 \\ -3 & 5 \end{pmatrix}$ 의 역행렬이 존재하는가?

존재하면 그 역행렬을 구하여라.

정답.

존재한다. $A^{-1}=-\begin{pmatrix} 5 & 2 \\ 3 & 1 \end{pmatrix}$

【유제】 2.2.11

가역행렬 $A=(a_{ij})_{n\times n} \neq O$ 에 대해서 다음이 성립 함을 보여라.

(1) $(A^n)^{-1}=(A^{-1})^n$ (n은 자연수) (2) $(A^T)^{-1}=(A^{-1})^T$

2.2 연습문제

1. 주어진 행렬 A, B, C 에 대하여 다음을 계산하라.

$$A=\begin{pmatrix}1&2\\3&4\end{pmatrix},\ B=\begin{pmatrix}3&4\\5&6\end{pmatrix},\ C=\begin{pmatrix}2&-3\\1&2\end{pmatrix}$$

(1) $A+2B$ (2) $3A-B$ (3) C^2

2. 주어진 행렬 A, B, C 에 대하여 다음을 계산하라.

$$A=\begin{pmatrix}1&2\\3&-1\end{pmatrix},\ B=\begin{pmatrix}2&0&5\\-1&3&-2\end{pmatrix},\ C=\begin{pmatrix}2&-1\\1&3\\7&5\end{pmatrix}$$

(1) AB (2) CA (3) $(AB)C$ (4) $A(BC)$

3. 다음 행렬 중에서 삼각행렬, 대각행렬, 항등행렬을 찾아라.

$$A=\begin{pmatrix}1&0\\3&-1\end{pmatrix},\ B=\begin{pmatrix}1&0\\0&1\end{pmatrix},\ C=\begin{pmatrix}2&0\\0&-2\end{pmatrix},\ D=\begin{pmatrix}1&2&3\\0&1&4\\0&0&1\end{pmatrix}$$

4. 다음 등식이 성립하지 않음을 설명하라.

(1) $(A+B)^2=A^2+2AB+B^2$ (2) $(A+B)(A-B)=A^2-B^2$

5. (1) 크기가 같은 두 행렬 A, B 에 대하여 $(A+B)^T=A^T+B^T$ 임을

보이시오.

(2)행렬의 곱이 정의된 두 행렬 A, B 에 대하여 $(AB)^T = B^T A^T$ 임을 보이시오.

6. 다음 정방행렬 A 를 대칭행렬과 교대행렬의 합으로 나타내라.

$$A = \begin{pmatrix} 1 & 2 & 3 \\ 4 & 5 & 6 \\ 7 & 8 & 9 \end{pmatrix}$$

7. 다음 행렬의 역행렬을 구하라.

(1) $\begin{pmatrix} -2 & 1 \\ 3 & 4 \end{pmatrix}$ (2) $\begin{pmatrix} -2 & 0 \\ 4 & 5 \end{pmatrix}$

2.3 연립 방정식과 행렬

a,b 및 c가 실수일 때, $ax+by=c$인 꼴의 임의의 방정식은 변수 x,y의 일차방정식이고, 두 변수의 일차방정식의 그래프는 직선이다. 실수 a,b,c 및 d에 대하여 $ax+by+cz=d$는 변수 x,y 및 z의 일차방정식이고, 평면의 방정식이다. 일반적으로, n개의 미지수 $x_1,x_2,x_3,\cdots,x_n$에 대하여

$$a_1x_1+a_2x_2+a_3x_3+\cdots+a_nx_n=b_n$$ (여기서, $a_1,a_2,a_3,\cdots,a_n$및 b_n는 실수이다.)

인 꼴의 방정식을 **일차방정식**(linear equation)이라 하고 , 이 절에서는 행렬을 이용하여 연립 1차방정식의 해를 구하는 방법에 대해 공부한다.

n개의 미지수와 m개의 일차방정식으로 이루어진 식을 **연립 일차방정식**(system of linear equations) 또는 간단히 **연립방정식**(linear system)이라고 하며 다음과 같이 나타낸다.

[1]
$$\begin{aligned} a_{11}x_1+a_{12}x_2+\cdots+a_{1n}x_n &= b_1 \\ a_{21}x_1+a_{22}x_2+\cdots+a_{2n}x_n &= b_2 \\ \vdots \qquad\qquad & \ \ \vdots \\ a_{m1}x_1+a_{m2}x_2+\cdots+a_{mn}x_n &= b_m \end{aligned}$$

인 꼴이다.

여기서 $x_1,x_2,x_3,\cdots,x_n$ 을 연립방정식의 **변수**(variable) 또는 **미지수**

(unknown)라 하고 a_{ij} $(i=1,2,3,\cdots,m,\ j=1,2,3,\cdots,n)$를 계수(coefficient), $b_1,b_2,\cdots,b_m$들을 그 계의 **상수항**이라 한다.

연립방정식의 계수(coefficient)를 성분으로 갖는 $m\times n$ 행렬 A를 **계수행렬** (coefficient matrix)이라 하고, 상수항을 성분으로 갖는 $m\times 1$ 행렬 B 를 **상수행렬**(matrix of constants) 이라 하고 다음과 같이 나타낸다.

$$A=\begin{pmatrix} a_{11} & a_{12} & \cdots & a_{1n} \\ a_{21} & a_{22} & \cdots & a_{2n} \\ \vdots & \vdots & & \vdots \\ a_{m1} & a_{m2} & \cdots & a_{mn} \end{pmatrix} : \text{계수행렬}, \qquad B=\begin{pmatrix} b_1 \\ b_2 \\ \vdots \\ b_m \end{pmatrix} : \text{상수행렬},$$

$$X=\begin{pmatrix} x_1 \\ x_2 \\ \vdots \\ x_n \end{pmatrix} : \text{미지수(해벡터)}$$

또한, 주어진 연립방정식[1]은

$$A=\begin{pmatrix} a_{11} & a_{12} & \cdots & a_{1n} \\ a_{21} & a_{22} & \cdots & a_{2n} \\ \vdots & \vdots & & \vdots \\ a_{m1} & a_{m2} & \cdots & a_{mn} \end{pmatrix}\begin{pmatrix} x_1 \\ x_2 \\ \vdots \\ x_n \end{pmatrix}=\begin{pmatrix} b_1 \\ b_2 \\ \vdots \\ b_m \end{pmatrix}$$

와 같이 나타낼 수 있다. 즉 행렬방정식 $AX=B$ 로 나타낸다.

상수항이 모두 0일 때, 일차 연립방정식 [1]을 **동차연립방정식** (homogeneous system)라 하고, $AX=0$ 으로 나타내며, 그렇지 않으면, **비-동차연립방정식**(non-homogeneous system)라 한다.

일차 연립방정식을 만족하는 n 개의 미지수들 $x_1, x_2, x_3, \cdots, x_n$을 일차 연립방정식 [1]의 **해**라 한다.

【예제】 2.3.1

다음연립방정식이 동차, 비동차를 밝혀라.

(1)
$$5x_1 - 9x_2 + x_3 = 0$$
$$x_1 + 3x_2 = 0$$
$$4x_1 + 6x_2 - x_3 = 0$$

(2)
$$3x_1 + 6x_2 = 3$$
$$x_1 - 4x_2 = 7$$

[풀이]

(1) 상수항이 모두 0 이므로 동차 연립방정식이고,

(2)는 상수항이 0이 아닌 것이 있으므로 비동차연립방정식이다.

【예제】 2.3.2

$x_1 = 3$, $x_2 = -1$ 이 연립방정식 $\begin{matrix} 3x_1 + 6x_2 = 3 \\ x_1 - 4x_2 = 7 \end{matrix}$ 의 해가 됨을 보여라.

[풀이]

이것을 알아보려면,

각 방정식에 x_1 대신에 3, x_2 대신에 -1을 대입한다.

$3(3)+6(-1)=9-6=3$ 및 $3-4(-1)=3+4=7$ 이므로

$x_1 = 3$, $x_2 = -1$은 연립방정식의 해이다.

일차 연립방정식이 적어도 하나의 해를 가지면 **해를 갖는 연립방정식**, 해를 갖지 않으면 **해를 갖지 않는 연립방정식**(즉, **부정방정식**)(inconsistant)이라 한다.

일차 연립방정식이 해를 가지면, 그 방정식은

- 한개의 해(즉, 유일한 해)를 갖거나,
- 무수히 많은 해 (즉, 부정) 를 갖는다.

한편, 두개의 방정식과 두개의 미지수를 갖는 일차 연립방정식에 대하여, 두 직선이 한 점에서 만나는 경우에 꼭 한 개의 해를 갖고 , 일치하는 경우는 무수히 많은 해를 갖으며 그리고 평행한 경우는 근을 갖지 않는다.

【예제】 2.3.3

$x_1 = 14 + 7t,\ x_2 = 9 + 6t,\ x_3 = t$ (여기서, t는 임의의 실수이다.)가 연립방정식

$$2x_1 - 3x_2 + 4x_3 = 1$$

$$x_1 - x_2 - x_3 = 5$$

의 해 임을 보여라.

[풀이]

x_1, x_2 및 x_3대신에 차례로 $14 + 7t$, $9 + 6t$와 t를 대입하면,

$$2(14 + 7t) - 3(9 + 6t) + 4t = 1$$

$$14 + 7t - (9 + 6t) - t = 5$$

이다.

각 실수 t에 대하여, 연립방정식의 다른 해를 얻는다. 다시 말하면, 그 방정식은 무수히 많은 해를 갖는다.

예를 들어, $t = 0$, $t = 4$와 $t = -2$는 각각 다음과 같은 3개의 해를 얻는다.

$$x_1 = 14, \qquad x_2 = 9, \qquad x_3 = 0$$

$$x_1 = 42, \qquad x_2 = 33, \qquad x_3 = 4$$

$$x_1 = 0, \qquad x_2 = -3, \qquad x_3 = -2$$

기하학적으로 말하면, 연립방정식의 각 방정식은 R^3에 있는 평면을 나타낸다. 이 경우에, 각 평면들은 한 직선에서 만나고 그 직선의 매개방정식은 $x_1 = 14 + 7t$, $x_2 = 9 + 6t$, $x_3 = t$이다.

☞ 첨가행렬

행렬의 곱의 정의로부터, 연립방정식 [1]의 m개의 방정식을 단 하나의 행렬방정식

$$AX = B$$

로 나타낼 수가 있다. 여기서 계수행렬 $A = (a_{ij})$는 $m \times n$ 행렬

$$A = \begin{pmatrix} a_{11} & a_{12} & \cdots & a_{1n} \\ a_{21} & a_{22} & \cdots & a_{2n} \\ \vdots & & & \vdots \\ a_{m1} & a_{m2} & \cdots & a_{mn} \end{pmatrix} \text{이고 } X = \begin{pmatrix} x_1 \\ \vdots \\ x_n \end{pmatrix} \text{와 } B = \begin{pmatrix} b_1 \\ \vdots \\ b_m \end{pmatrix}$$

은 열벡터이다. 모든 계수 a_{jk}가 0이 아니라고 가정하자.(즉, A는 영행렬이 아니다.)

x는 n개의 성분을 b는 m개의 성분을 갖는다는 것에 유의하라. 행렬

$$\widetilde{A}=\begin{pmatrix} a_{11} & \cdots & a_{1n} & b_1 \\ \vdots & & \vdots & \vdots \\ a_{m1} & \cdots & a_{mn} & b_m \end{pmatrix}$$

을 연립방정식 (!)의 **첨가행렬**(augmented matrix)이라고 한다. 행렬 $\widetilde{A}$는 행렬 A에 열벡터 b를 첨가하여 얻는다. 첨가행렬을 다음과 같이 나타내기도 한다.

$$\widetilde{A}=\left(\begin{array}{ccc|c} a_{11} & \cdots & a_{1n} & b_1 \\ \vdots & & \vdots & \vdots \\ a_{m1} & \cdots & a_{mn} & b_m \end{array}\right)$$

【예제】 2.3.4

다음 첨가행렬을 연립 일차방정식을 나타내어라.

$$\text{첨가행렬} \left(\begin{array}{ccc|c} 1 & -3 & 5 & 2 \\ 4 & 7 & -1 & 8 \end{array}\right)$$

[풀이]

첨가행렬 $\left(\begin{array}{ccc|c} 1 & -3 & 5 & 2 \\ 4 & 7 & -1 & 8 \end{array}\right)$은 아래의 연립 1차방정식을 나타낸다.

$$x_1 - 3x_2 + 5x_3 = 2$$

$$4x_1 + 7x_2 - \ x_3 = 8$$

【예제】 2.3.5

다음 연립 일차방정식을 첨가행렬로 나타내어라.

$$x_1 - 5x_3 = -1$$

$$2x_1 + 8x_2 = 7$$

$$x_2 + 9x_3 = 1$$

[풀이]

연립 1차방정식

$$\begin{array}{lcl} x_1 - 5x_3 = -1 & & x_1 + 0x_2 - 5x_3 = -1 \\ 2x_1 + 8x_2 = 7 & \text{과} & 2x_1 + 8x_2 + 0x_3 = 7 \\ x_2 + 9x_3 = 1 & & 0x_1 + x_2 + 9x_3 = 1 \end{array}$$

는 똑 같은 방정식이므로, 이 연립방정식의 첨가행렬은

$$\left(\begin{array}{ccc|c} 1 & 0 & -5 & -1 \\ 2 & 8 & 0 & 7 \\ 0 & 1 & 9 & 1 \end{array}\right)$$

이다.

(1)과 같은 연립방정식의 해를 구하는 방법을 알아보자. 우선, 첨가행렬을 이용하여 해를 구하는 방법으로 Gaussian 소거법 또는 Gauss-Jordan 소거법을 알아본다. 그러기 위해서는 다음 세가지 성질을 알아야한다.

☞ 기본행 연산

(1) 임의의 두 행을 서로 바꾼다 : $R_i \Leftrightarrow R_j$

(2) 한 행에 0이 아닌 상수를 곱한다 : $R_i \Rightarrow kR_i$, $(k \neq 0)$

(3) 한 행의 0이 아닌 배수를 다른 행에 더한다 :

$R_i \Rightarrow kR_j + R_i$, $(k \neq 0)$

☞ 행동치 행렬 (row equivalent matrix)

행렬 A에 기본행연산을 유한번 시행할 때 얻어지는 행렬 B들을 **행동치 행렬**(row equivalent matrix)이라 한다.

☞ 사다리꼴행렬(row-echelon form)의 세가지 조건

(1) 0행이 아닌 행에 있어 처음으로 0이 아닌 원소가 1이다.
(2) 연속하는 0이 아닌 행에서 아래 행의 첫 번째 원소 1이 위의 행에 있는 1보다 오른쪽에 나온다.
(3) 모두 0 만으로 된 행들은 그 행렬의 맨 아래에 있다.

Gauss-Jordan방법에서는 행연산을 기약행사다리꼴의 첨가행렬을 얻을 때까지 계속한다. **기약행사다리꼴**은 위에서 열거한 사다리꼴 행렬의 세 성질 외에 다음 성질을 추가로 갖는다.

(4) 첫 원소 1 를 포함하는 열의 다른 원소는 모두 0이다.

【예제】 2.3.6

다음 첨가행렬에 대하여 사다리꼴인가 기약행사다리꼴 인가를 판별하여라.

(1) $A = \left(\begin{array}{ccccc|c} 0 & 0 & 1 & -8 & 4 & 5 \\ 0 & 0 & 0 & 0 & 1 & 9 \end{array}\right)$ (2) $B = \left(\begin{array}{ccccc|c} 0 & 0 & 1 & -8 & 0 & -9 \\ 0 & 0 & 0 & 0 & 1 & 7 \end{array}\right)$

(3) $C = \left(\begin{array}{ccc|c} 1 & 7 & 0 & 3 \\ 0 & 1 & 0 & -1 \\ 0 & 0 & 0 & 0 \end{array}\right)$ (4) $D = \left(\begin{array}{ccc|c} 1 & 0 & 0 & 9 \\ 0 & 1 & 0 & -1 \\ 0 & 0 & 0 & 0 \end{array}\right)$

(5) $E = \left(\begin{array}{cccc|c} 1 & 0 & 0 & 7 & -1 \\ 0 & 1 & 0 & 0 & 0 \\ 0 & 0 & 1 & 1 & 0 \end{array}\right)$ (6) $F = \left(\begin{array}{cccc|c} 1 & 0 & -1 & 6 & 3 \\ 0 & 1 & 3 & 2 & -2 \\ 0 & 0 & 0 & 1 & 0 \\ 0 & 0 & 0 & 0 & 0 \end{array}\right)$

[풀이]

첨가행렬 (1), (3), (6) 은 모두 사다리꼴 행렬이다. 이 꼴에 대한 3가지 판단 기준을 만족함을 보여야 한다. 또한, 첨가행렬 (2),(4),(5) 는 모두 기약 행 사다리꼴행렬이다. 왜냐하면, 선두 원소 1을 포함하는 열의 나머지 원소는 모두 0이다.

Gaussian 소거법에서는 행 사다리꼴의 첨가행렬이 얻어지면 그것으로 끝남을 주목해야 한다. 다시 말하면, 다른 나열의 행 연산을 이용하면, 다른 행 사다리꼴에 이를 수 있다. 이 때, 이 방법은 역대입법을 사용할 필요가 있다. Gauss-Jordan 소거법에서는 기약 행 사다리꼴의 첨가행렬을 얻을 때 끝난다. 어떤 일련의 행 연산을 하여도 꼭 같은 기약 행 사다리꼴의 첨가행렬에 이를 것이다. 이 방법은 역대입법을 필요로 하지 않고, 이 연립방정식의 해는 마지막 행렬을 조사함으로써 명백하게 된다. 원래 연립방정식의 표현에 있어서는 이 두 방법의 목적은 첫 번째 방정식의 x_1의 계수가 1과 같도록 만든 다음 그 방정식의 배수를 이용하여 다른 방정식에서 x_1을 소거하는 것이다. 이 과정을 다른 변수에 대해서도 반복한다.

【예제】 2.3.7

연립방정식

$$x_1 + x_2 = 1$$

$$4x_1 - x_2 = -6$$

$$2x_1 - 3x_2 = 8$$

을 풀어라.

[풀이]

Gauss-Jordan 소거법을 연립방정식의 행렬에 적용하면, 다음과 같다.

$$\begin{pmatrix} 1 & 1 & | & 1 \\ 4 & -1 & | & -6 \\ 2 & -3 & | & 8 \end{pmatrix} \overset{\text{행연산}}{\Rightarrow} \begin{pmatrix} 1 & 0 & | & -1 \\ 0 & 1 & | & 2 \\ 0 & 0 & | & 16 \end{pmatrix}$$

마지막 행렬의 세 번째 행은 $0x_1 + 0x_2 = -4$(또는 $0 = -4$)을 의미한다. 어떤 x_1과 x_2도 이 방정식을 만족하지 않으므로 연립방정식의 해는 없다.

【유제】 2.3.8

다음 연립방정식을 (1)가우스 소거법과 (2)가우스 조르단 소거법으로 풀어라.

$$\begin{cases} 2x_1 + 6x_2 + x_3 = 7 \\ x_1 + 2x_2 - x_3 = -1 \\ 5x_1 + 7x_2 - 4x_3 = 9 \end{cases}$$

☞ 동차 연립방정식

앞의 예제는 모두 비 동차 연립방정식이다. 알아본 바와 같이 비 동차 연립방정식은 해를 갖기도 하고, 갖지 않기도 한다. 이와 반대로, 동차 연립 1차방정식

$$
[2] \quad \begin{aligned}
a_{11}x_1 + a_{12}x_2 + \cdots + a_{1n}x_n &= 0 \\
a_{12}x_1 + a_{22}x_2 + \cdots + a_{2n}x_n &= 0 \\
\vdots \qquad\qquad & \quad \vdots \\
a_{m1}x_1 + a_{m2}x_2 + \cdots + a_{mn}x_n &= 0
\end{aligned}
$$

은 항상 해를 갖는다. 왜냐하면 $x_1 = 0$, $x_2 = 0, \cdots, x_n = 0$은 그 연립방정식의 각 방정식을 만족하기 때문이다. 0으로만 된 해를 자명한해라 한다. 그러나 자연스럽게 [2]와 같은 꼴의 연립방정식이 x_i, $i = 1, 2, \cdots, x_n = 0$중 몇 개가 0이 아닌 임의의 해를 갖는지에 대해 흥미가 있다. 그런 해를 자명하지 않은 해라 한다. 동차연립방정식은 자명한 해만을 갖거나 무한히 많은 자명하지 않은 해와 자명한 해를 함께 갖는다. 증명 없이 주어진 다음 정리는 자명하지 않은 해의 존재성에 대한 충분조건을 제공한다.

【정리】 2.3.9

방정식의 개수 m이 미지수의 개수n보다 작으면 $(m < n)$ 동차 연립방정식 [2]는 자명하지 않은 해를 갖는다.

【예제】 2.3.10

다음 연립방정식을 풀어라.

$$2x_1 - 4x_2 + 3x_3 = 0$$
$$x_1 + x_2 - 2x_3 = 0$$

[풀이]

방정식의 개수가 미지수의 개수보다 작으므로 **정리2.3.9**로부터 주어진 연립방정식은 자명하지 않은 해를 갖는다. Gauss-Jordan 소거법을 이용하여

$$\begin{pmatrix} 2 & -4 & 3 & |0 \\ 1 & 1 & -2 & |0 \end{pmatrix} \overset{R_{12}}{\Rightarrow} \begin{pmatrix} 1 & 1 & -2 & |0 \\ 1 & -4 & 3 & |0 \end{pmatrix} \overset{-2R_1+R_2}{\Rightarrow} \begin{pmatrix} 1 & 1 & -2 & |0 \\ 0 & -6 & 7 & |0 \end{pmatrix}$$

$$\overset{\frac{-1}{6}R_2}{\Rightarrow} \begin{pmatrix} 1 & 1 & -2 & |0 \\ 0 & 1 & -\frac{7}{6} & |0 \end{pmatrix} \overset{-R_2+R_1}{\Rightarrow} \begin{pmatrix} 1 & 0 & -\frac{5}{6} & |0 \\ 0 & 1 & -\frac{7}{6} & |0 \end{pmatrix}$$

$x_3 = t$라 하면, 연립방정식의 해는 $x_1 = \frac{5}{6}t,\ x_2 = \frac{7}{6}t,\ x_3 = t$이다. 이 연립방정식의 자명한 해 $x_1 = 0,\ x_2 = 0,\ x_3 = 0$은 $t = 0$을 택하면 얻어짐에 유의하라. $t \neq 0$에 대해서는 자명하지 않은 해가 얻어진다. 예를 들어, $t = 6,\ t = -12$및 $t = 3$에 대응하는 해는 차례로

$$x_1 = 5, \qquad x_2 = 7, \qquad x_3 = 6$$
$$x_1 = -10, \qquad x_2 = -14, \qquad x_3 = -12$$
$$x_1 = \frac{5}{2}, \qquad x_2 = \frac{7}{2}, \qquad x_3 = 3$$

이다.

☞ 화학방정식

다음 예에서는 화학에서의 동차 연립방정식의 응용문제를 살펴보자.

【예제】 2.3.11

다음 화학방정식의 계수를 정하라.

$$C_2H_6 + O_2 \rightarrow CO_2 + H_2O$$

[풀이]

$$x_1C_2H_6 + x_2O_2 \rightarrow x_3CO_2 + x_4H_2O$$

이 되도록 양의 정수 x_1, x_2, x_3 및 x_4을 구해야 한다. 각 원소의 원자의 수는 마지막 방정식의 각 변에서 꼭 같아야 하기 때문에

$$\begin{array}{lll} \text{탄소}(C): & 2x_1 = x_3 & 2x_1 + 0x_2 - x_3 + 0x_4 = 0 \\ \text{수소}(H): & 6x_1 = 2x_4 \quad \text{또는} & 6x_1 + 0x_2 - 0x_3 - 2x_4 = 0 \\ \text{산소}(O): & 2x_1 = 2x_3 + x_4 & 0x_1 + 2x_2 - 2x_3 - x_4 = 0 \end{array}$$

이다.

Gauss-Jordan 소거법에서

$$\left(\begin{array}{cccc|c} 2 & 0 & -1 & 0 & 0 \\ 6 & 0 & 0 & -2 & 0 \\ 0 & 2 & -2 & -1 & 0 \end{array}\right) \overset{\text{행연산}}{\Rightarrow} \left(\begin{array}{cccc|c} 1 & 0 & 0 & -\frac{1}{3} & 0 \\ 0 & 1 & 0 & -\frac{7}{6} & 0 \\ 0 & 0 & 1 & -\frac{2}{3} & 0 \end{array}\right)$$

이므로 $x_1 = -\frac{1}{3}t,\ x_2 = \frac{7}{6}t,\ x_3 = \frac{2}{3}t,\ x_4 = t$이다. 이 경우에 t는 x_1, x_2, x_3가 양의 정수가 되도록 선택한 양수이어야 한다. 이를 만족시키기 위하여 $t=6$이라 놓으면 $x_1 = 2, x_2 = 7, x_3 = 4, x_4 = 6$이다. 그러므로 이때, 균형을 이룬 화학방정식은 $2C_2H_6 + 7O_2 \rightarrow 4CO_2 + 6H_2O$이다.

2.3 연습문제

1. 다음 행렬이 행 사다리꼴인지, 기약 행 사다리꼴인지를 구분하여라.

$$A=\begin{pmatrix}1&0&0&-2\\0&1&0&0\\0&0&1&0\end{pmatrix},\quad B=\begin{pmatrix}1&0&0&-4\\0&1&0&0\\0&0&1&1\end{pmatrix},\quad C=\begin{pmatrix}1&0&0\\0&1&0\\-7&0&1\end{pmatrix}$$

$$D=\begin{pmatrix}1&6&0&0&4\\0&1&0&-2&0\\0&0&0&1&1\end{pmatrix},\quad E=\begin{pmatrix}1&8&-1&9\\0&1&5&0\\0&0&1&4\\0&0&0&0\end{pmatrix},\quad F=\begin{pmatrix}1&0&0&-7\\0&0&0&0\\0&0&1&2\end{pmatrix}$$

$$G=\begin{pmatrix}1&0&0&0&-8\\0&1&0&0&-3\\0&0&0&1&1\\0&0&0&0&0\\0&0&0&0&0\end{pmatrix},\quad H=\begin{pmatrix}1&0&7&0\\0&1&0&5\\0&0&1&0\\0&0&0&1\end{pmatrix}$$

2. 다음 행렬의 기약 행 사다리꼴 행렬을 구하여라.

$$A=\begin{pmatrix}2&6&-4&2&4\\1&0&1&1&5\\-3&2&-2&0&-2\end{pmatrix}$$

3. 다음 연립방정식의 해를 가우스 소거법으로 구하여라.

(1) $$\begin{cases}x+2y+3z=6\\2x-3y+2z=14\\3x+y-z=-2\end{cases}$$

(2) $\begin{cases} x - z + 2w = 0 \\ 2x - 3y - 4w = 0 \\ y + 2z + 3w = 0 \\ 3x - 2y + z + w = 0 \end{cases}$

4. 다음 연립방정식의 해를 가우스 조단소거법으로 구하여라.

(1) $\begin{cases} x + 2y - z = 0 \\ 3x + 4y + 3z = 0 \end{cases}$

(2) $\begin{cases} x + 2y = 10 \\ x + y = -4 \\ 3x + 5y = 26 \end{cases}$

(3) $\begin{cases} x + y - 2z = -3 \\ -2x + 3y + z = 7 \\ 4x - 5y + 6z = 12 \end{cases}$

(4) $\begin{cases} x - 3y + 2z + 5w = 1 \\ 2x + 3y - 4z + 10w = 3 \\ -6x - 8z = -5 \\ 6y - 8z - 5w = -1 \end{cases}$

정답. 1.사다리꼴 행렬 : D, E, H 기약행 사다리꼴 : A, B, G
나머지: 아무것도 아님

2. $A = \begin{pmatrix} 1 & 0 & 0 & 0 & 0 \\ 0 & 1 & 0 & 1 & 4 \\ 0 & 0 & 1 & 1 & 5 \end{pmatrix}$

3. (1) $x = 1,\ y = -2,\ z = 3$
(2) $x = 17t,\ y = 22t,\ z = t,\ w = -8t,\quad t$는실수

4. (1) $x = -5t,\ y = 3t,\ t$는실수
(2) 해가 없음
(3) $x = 1,\ y = 2,\ z = 3$
(4) $x = \frac{1}{2},\ y = \frac{1}{3},\ z = \frac{1}{4},\ w = \frac{1}{5}$

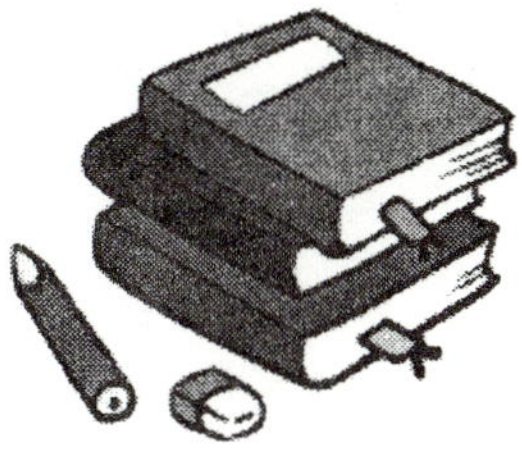

제3장 행렬식

3.1 행렬식과 행렬식의 성질

☞ 행렬식(Determinants)

$n\times n$행렬 A에 대하여 하나의 값(수, 스칼라)이 대응하는데 이 값을 **행렬식**(Determinants)이라 하고 기호로는 $\det(A)$(또는 $|A|$) 로 표현한다. 행렬 A와 A의 행렬식을 구별해서 아래와 같이 괄호대신 수직막대 선으로 바꾸어 표시한다.

$$A=\begin{pmatrix} a_{11} & a_{12} & \cdots & a_{1n} \\ a_{21} & a_{22} & \cdots & a_{2n} \\ \vdots & & & \vdots \\ a_{n1} & a_{n2} & \cdots & a_{nn} \end{pmatrix} \quad \Rightarrow \quad \det(A)=\begin{vmatrix} a_{11} & a_{12} & \cdots & a_{1n} \\ a_{21} & a_{22} & \cdots & a_{2n} \\ \vdots & & & \vdots \\ a_{n1} & a_{n2} & \cdots & a_{nn} \end{vmatrix}$$

$n\times n$행렬의 행렬식을 n차 행렬식이라 한다.

1×1, 2×2 그리고 3×3 행렬의 행렬식을 알아보자.

【정의】 3.1.1

1×1 행렬 $A=(a)$에 대하여, $\det(A)=|a|=a$로 약속한다.

예를 들어, $A=(-7)$라 하면, $\det(A)=|-7|=-7$이다. 이 경우에 수 둘레의 수직 막대 (| |)는 절대값을 뜻하는 것이 아니다.

【정의】 3.1.2 2×2행렬

$A=\begin{pmatrix} a_{11} & a_{12} \\ a_{21} & a_{22} \end{pmatrix}$의 행렬식(의 값)은

$$|A| = \det(A) = \begin{vmatrix} a_{11} & a_{12} \\ a_{21} & a_{22} \end{vmatrix} = a_{11}a_{22} - a_{12}a_{21} \qquad (1)$$

이다.

2차 행렬식의 값은 A의 주대각선 원소의 곱에서 다른 대각선 원소의 곱을 뺀 차라는 것을 기억해 두자.

【예제】 3.1.3

$A=\begin{pmatrix} 1 & 3 \\ -5 & 7 \end{pmatrix}$이면,

$\det(A)=\begin{vmatrix} 1 & 3 \\ -5 & 7 \end{vmatrix}=1(7)-(3)(-5)=22$

이다.

【유제】 3.1.4

$A=\begin{pmatrix} 1 & 4 \\ -1 & 6 \end{pmatrix}$ 의 행렬식 값을 구하여라.

【정의】 3.1.5

3×3행렬

$$A=\begin{pmatrix} a_{11} & a_{12} & a_{13} \\ a_{21} & a_{22} & a_{23} \\ a_{31} & a_{32} & a_{33} \end{pmatrix}\text{의 행렬식은}$$

$$\det(A)=\begin{vmatrix} a_{11} & a_{12} & a_{13} \\ a_{21} & a_{22} & a_{23} \\ a_{31} & a_{32} & a_{33} \end{vmatrix}=a_{11}a_{22}a_{33}+a_{12}a_{23}a_{31}+a_{13}a_{21}a_{32} \qquad (2)$$
$$-a_{13}a_{22}a_{31}-a_{11}a_{23}a_{32}-a_{12}a_{21}a_{33}$$

이다.

3차 행렬식(의 값)은 행렬의 주대각선 방향의 세 개씩 원소의 곱은 모두 더하고, 나머지 대각선 방향의 세 개씩 원소의 곱을 뺀 차라는 것을 기억해 두자.

(2)의 식을 보다 다루기 쉬운 꼴로 쓸 수 있다. 인수분해하면,

$$\det(A)=a_{11}(a_{22}a_{33}-a_{23}a_{32})+a_{12}(-a_{21}a_{33}+a_{23}a_{31})+a_{13}(a_{21}a_{32}-a_{22}a_{31})$$

그러나, (1)에 의하여, 괄호 안의 각 항은 2×2 행렬의 행렬식

$$\det(A)=a_{11}\begin{vmatrix} a_{22} & a_{23} \\ a_{32} & a_{33} \end{vmatrix}+a_{12}\left(-\begin{vmatrix} a_{21} & a_{23} \\ a_{31} & a_{33} \end{vmatrix}\right)+a_{13}\begin{vmatrix} a_{21} & a_{22} \\ a_{31} & a_{32} \end{vmatrix} \qquad (4)$$

으로 볼수 있다.

【예제】 3.1.6

다음 행렬 A의 행렬식을 구하라.

$$A=\begin{pmatrix} 3 & 7 & 8 \\ 0 & 0 & 0 \\ 2 & 9 & 5 \end{pmatrix}$$

[풀이]

$$|A| = \det(A) = \begin{vmatrix} 3 & 7 & 8 \\ 0 & 0 & 0 \\ 2 & 9 & 5 \end{vmatrix} = (3)(0)(5) + (7)(0)(2) + (8)(0)(9)$$

$$-(8)(0)(2) - (7)(0)(5) - (3)(0)(9) = 0$$

【유제】 3.1.7

다음 행렬 A의 행렬식을 구하라.

(1) $A = \begin{pmatrix} 2 & -7 & 5 \\ 1 & -2 & 0 \\ -1 & 6 & 5 \end{pmatrix}$ (2) $B = \begin{pmatrix} 3 & -4 & 9 \\ 7 & -2 & 5 \\ -2 & 8 & 3 \end{pmatrix}$

위에서 정의한 2차와 3차 행렬식을 구하는 방법을 **Sarrus' Rule** (사루스법칙) 이라고 하는데, 4차 이상의 행렬식을 구하는 데는 절대로 쓸 수가 없으므로 모든 정방행렬에 대한 행렬식 값을 구하는데 사용되는 여인수 전개 방법은 다음절에서 자세하게 다루기로 하고 우선 행렬식의 성질을 알아보자.

☞ 행렬식의 성질

행렬식의 많은 성질 중 몇 가지를 생각하기로 하자. 여기서의 목적은 이들 성질을 이용하여 행렬식의 값을 다른 방법의 여인수 전개로 구하는 수단을 개발함에 있다.

〖 1 〗 $n \times n$ 행렬 A의 행렬식과 A 의 전치행렬인 A^T 의 행렬식의 값은 같다.

(즉, $\det(A^T) = |A^T| = \det(A) = |A|$)

【예제】 3.1.8

행렬 $A=\begin{pmatrix}5 & 7\\3 & -1\end{pmatrix}$에 대하여, $A^T=\begin{pmatrix}5 & 3\\7 & -1\end{pmatrix}$이다.

$$\det(A)=\begin{vmatrix}5 & 7\\3 & -1\end{vmatrix}=5(-1)-7(3)=-26$$

이고

$$\det(A^T)=\begin{vmatrix}5 & 3\\7 & -1\end{vmatrix}=5(-1)-3(7)=-26$$

이다.

〖 2 〗 $n\times n$ 행렬 A의 임의의 두 행(또는 열)의 성분이 같으면, 행렬A의 행렬식의 값은 0 이다

【예제】 3.1.9

다음의 행렬식

$A=\begin{pmatrix}6 & 5 & 5\\4 & 5 & 5\\9 & 5 & 5\end{pmatrix}$ 에서 제2열과 3열의 성분이 같으므로,

$$\det(A)=\begin{vmatrix}6 & 5 & 5\\4 & 5 & 5\\9 & 5 & 5\end{vmatrix}=0$$

〖 3 〗 $n\times n$행렬 A의 한 행(또는 한 열)에 있는 원소가 모두 0 이면, 행렬A의 행렬식의 값은 0 이다.

【예제】 3.1.10

〖 3 〗 에서 다음 결과를 얻는다.

(a) $\begin{vmatrix} 0 & 0 \\ 7 & -5 \end{vmatrix} = 0$ (b) $\begin{vmatrix} 5 & 9 & 0 \\ 1 & 5 & 0 \\ 6 & -1 & 0 \end{vmatrix} = 0$

〖 4 〗 $n \times n$행렬 A의 임의의 두 행(또는 열)을 서로 바꾸어서 얻은 행렬이 B 라면, 행렬 B의 행렬식의 값은 행렬 A의 행렬식의 값과 반대부호의 값을 갖는다. 즉, $\det(B) = -\det(A)$ 이다.

【예제】 3.1.11 제 1행과 제 3행을 서로 바꾸면, **〖 4 〗** 에서 다음과 같다.

$$\begin{vmatrix} 2 & 1 & 3 \\ 6 & 0 & 7 \\ 4 & -1 & 9 \end{vmatrix} = -\begin{vmatrix} 4 & -1 & 9 \\ 6 & 0 & 7 \\ 2 & 1 & 3 \end{vmatrix}$$

〖 5 〗 $n \times n$ 행렬 A의 어느 하나의 행(또는 열)에 0이 아닌 실수 k를 곱하여 얻어진 행렬이 B라면, $\det(B) = k\det(A)$이다.

【예제】 3.1.12

(1) $\begin{vmatrix} 5 & 8 \\ 20 & 16 \end{vmatrix} = \begin{vmatrix} 5\times 1 & 8 \\ 5\times 4 & 16 \end{vmatrix} = 5\begin{vmatrix} 1 & 8 \\ 4 & 16 \end{vmatrix} = 5\begin{vmatrix} 1 & 8\times 1 \\ 4 & 8\times 2 \end{vmatrix} = (5)(8)\begin{vmatrix} 1 & 1 \\ 4 & 2 \end{vmatrix}$

$= (5)(8)\begin{vmatrix} 1 & 1 \\ 2\times 2 & 2\times 1 \end{vmatrix} = (5)(8)(2)\begin{vmatrix} 1 & 1 \\ 2 & 1 \end{vmatrix} = 80(1-2) = -80$

(2) $\begin{vmatrix} 4 & 2 & -1 \\ 5 & -2 & 1 \\ 7 & 4 & -2 \end{vmatrix} = (-2)\begin{vmatrix} 4 & -1 & -1 \\ 5 & 1 & 1 \\ 7 & -2 & -2 \end{vmatrix} = (-2)(0) = 0$

〖 6 〗 A를 $n \times n$삼각행렬(상 삼각 또는 하 삼각)이면 행렬식의

값은 주대각성분들의 곱과 같다. (즉, $\det(A) = |A| = a_{11}a_{22}\cdots a_{nn}$ 이다. 여기서, $a_{11}, a_{22}, \cdots, a_{nn}$은 A의 주대각선 위의 성분들이다.)

【예제】 3.1.13

(1) 하 삼각행렬

$$A = \begin{pmatrix} 3 & 0 & 0 & 0 \\ 2 & 6 & 0 & 0 \\ 1 & 8 & -4 & 0 \\ 9 & 2 & 3 & -2 \end{pmatrix}$$

의 행렬식은

$$\det(A) = \begin{vmatrix} 3 & 0 & 0 & 0 \\ 2 & 6 & 0 & 0 \\ 1 & 8 & -4 & 0 \\ 9 & 2 & 3 & -2 \end{vmatrix} = (3)(6)(-4)(-2) = 144$$

이다.

(2) 대각행렬

$$A = \begin{pmatrix} -3 & 0 & 0 \\ 0 & 3 & 0 \\ 0 & 0 & 8 \end{pmatrix}$$

의 행렬식은

$$\det(A) = \begin{vmatrix} -3 & 0 & 0 \\ 0 & 3 & 0 \\ 0 & 0 & 8 \end{vmatrix} = (-3)(3)(8) = -72$$ 이다.

〖 7 〗 $n \times n$ 행렬 A의 어느 한 행(또는 열)의 원소에 0이 아닌 실수 k를 곱한 다음 또 다른 행(또는 열)의 대응하는 원소에 더하거나 빼서 만들어진 행렬B라 하면 이 두 행렬식

의 값은 같다.($|A|=|B|$ **)**

【예제】 3.1.14 $A=\begin{pmatrix}5&1&2\\3&0&7\\4&-1&4\end{pmatrix}$라 하고, 행렬 B는 행렬 A 의 1행에 -3을 곱한 후 3행에 더하여 얻은 행렬이라 하면

$$A=\begin{pmatrix}5&1&2\\3&0&7\\4&-1&4\end{pmatrix}\overset{-3R_1+R_3}{\Rightarrow}\begin{pmatrix}5&1&2\\3&0&7\\-11&-4&-2\end{pmatrix}=B$$ 이고

$\det(A)=45$ 와 $\det(B)=45$ 로서 같다.

〖 8 〗 A와 B**가 모두** 0**이 아닌** $n\times n$ **행렬이면, 두 행렬의 곱의 행렬식은 각각의 행렬식의 곱과 같다.**
즉, $\det(AB)=\det(A)\det(B)$ ($|AB|=|A||B|$)**이다.**

【예제】 3.1.15

$A=\begin{pmatrix}2&3\\1&-1\end{pmatrix}$, $B=\begin{pmatrix}3&-4\\-3&5\end{pmatrix}$라면, $AB=\begin{pmatrix}-3&7\\6&-9\end{pmatrix}$이다.

[풀이]

$\det(AB)=-15$, $\det(A)=-5$, $\det(B)=3$이다.
그러므로,
$\det(AB)=-15=\det(A)\det(B)=(-5)(3)=-15$ ($|AB|=|A||B|$)

☞ 행 축소

$n\times n$행렬의 행렬식의 값을 여인수 전개 방법으로 구하는 것은

행렬의 차수가 클 때, 대단한 노력이 필요하다. 말하자면, 0이 아닌 원소를 갖는 5×5행렬의 행렬식을 전개하기 위하여, 4×4 부분행렬의 행렬식인 5개의 여인수의 값을 구할 필요가 있다. 행렬의 행렬식의 값을 구하는 더욱 실제적이고 계획적인 방법이 있다. 이 방법은 행렬을 행 연산에 의하여 삼각꼴로 축소하면 삼각행렬의 행렬식의 값은 구하기 쉽다는 사실에 기초를 두고 있다. 여인수전개에 의한 방법은 다음절에서 자세하게 다룬다.

【예제】 3.1.16

$$A=\begin{pmatrix} 1 & 5 & 7 \\ -4 & -3 & 2 \\ 2 & 4 & 8 \end{pmatrix}$$

의 행렬식의 값을 구하라.

[풀이]

$$\det(A)=\begin{vmatrix} 1 & 5 & 7 \\ -4 & -3 & 2 \\ 2 & 4 & 8 \end{vmatrix}=2\begin{vmatrix} 1 & 5 & 7 \\ -4 & -3 & 2 \\ 1 & 2 & 4 \end{vmatrix}$$

$$=-2\begin{vmatrix} 1 & 2 & 4 \\ -4 & -3 & 2 \\ 1 & 5 & 7 \end{vmatrix}=-2\begin{vmatrix} 1 & 2 & 4 \\ 0 & 5 & 18 \\ 1 & 5 & 7 \end{vmatrix}$$

$$=-2\begin{vmatrix} 1 & 2 & 4 \\ 0 & 5 & 18 \\ 0 & 3 & 3 \end{vmatrix}=(-2)(3)\begin{vmatrix} 1 & 2 & 4 \\ 0 & 5 & 18 \\ 0 & 1 & 1 \end{vmatrix}$$

$$=(2)(3)\begin{vmatrix} 1 & 2 & 4 \\ 0 & 1 & 1 \\ 0 & 5 & 18 \end{vmatrix}=(2)(3)\begin{vmatrix} 1 & 2 & 4 \\ 0 & 1 & 1 \\ 0 & 0 & \end{vmatrix}$$

【유제】 3.1.17

$$A=\begin{pmatrix} 1 & 1 & 1 \\ -2 & 7 & 3 \\ 2 & 3 & 5 \end{pmatrix}$$

의 행렬식의 값을 구하라.

정답. 22

【유제】 3.1.18

$$A=\begin{pmatrix}1+a & 1+b & 1+c\\ 1+2a & 1+2b & 1+2c\\ 1+3a & 1+3b & 1+3c\end{pmatrix}$$

의 행렬식의 값을 구하라.

정답. 0

【유제】 3.1.19

$$A=\begin{pmatrix}1 & 2 & 3 & 4\\ 2 & 4 & 1 & 3\\ 3 & 1 & 4 & 2\\ 4 & 3 & 2 & 1\end{pmatrix}$$ 의 행렬식의 값을 구하라.

정답. 0

3.1 연습문제

1. 다음 행렬식의 값을 구하라.

(1) $\begin{vmatrix} 1 & 2 & 3 \\ 2 & 3 & 1 \\ 3 & 1 & 2 \end{vmatrix}$ (2) $\begin{vmatrix} 2 & -1 & 7 \\ 6 & 0 & 3 \\ 1 & 0 & 3 \end{vmatrix}$

(3) $\begin{vmatrix} 5 & 1 & 2 & 4 \\ -1 & 0 & 2 & 3 \\ 1 & 1 & 6 & 1 \\ 1 & 0 & 0 & -4 \end{vmatrix}$ (4) $\begin{vmatrix} 2 & 9 & 1 & 8 \\ 1 & 3 & 7 & 4 \\ 0 & 1 & 6 & 5 \\ 3 & 1 & 4 & 2 \end{vmatrix}$ (5) $\begin{vmatrix} 1 & 2 & -3 & 0 \\ 0 & -4 & 1 & 3 \\ 0 & 0 & 9 & -2 \\ 0 & 0 & 0 & -1 \end{vmatrix}$

2. 다음 방정식의 해를 구하라.

(1) $\begin{vmatrix} 1 & 1 & 1 \\ x & y & z \\ x^2 & y^2 & z^2 \end{vmatrix} = 0$ (2) $\begin{vmatrix} 1 & x & 1 \\ 1 & x & x \\ x & x & 1 \end{vmatrix} = 0$

3. 다음 등식들을 증명하라.

(1) $\begin{vmatrix} 1 & 1 & 1 \\ x & y & z \\ y+z & z+x & x+y \end{vmatrix} = 0$

(2) $\begin{vmatrix} y+z & x & x \\ y & z+x & y \\ z & z & x+y \end{vmatrix} = 4xyz$

(3) $$\begin{vmatrix} 1 & 2 & 3 & 4 \\ 1^2 & 2^2 & 3^2 & 4^2 \\ 1^3 & 2^3 & 3^3 & 4^3 \\ 1^4 & 2^4 & 3^4 & 4^4 \end{vmatrix} = 4!\,3!\,2!$$

정답.

1. (1) -18 (3) 34 (5) 36
2. $x = y = z$

3.2 행렬식의 여인수 전개와 역행렬

앞절에서는 2×2 행렬과 3×3 행렬의 행렬식을 구하는 것을 알아보았다. 이제 일반적인 $n\times n$ 행렬 의 행렬식을 구하는 방법과 역행렬이 존재하는 조건과 구하는 방법을 알아보자.

$n\times n$ 행렬 $A=(a_{ij})_{n\times n}$ 에서 a_{ij} 가 속한 i행과 j열을 뺀 나머지 성분으로 이루어진 $(n-1)\times(n-1)$ 행렬을 **소행렬**(minor matrix)이라 하고 M_{ij} 로 나타내며, a_{ij} 에 대한 소행렬의 행렬식을 **소행렬식**이라 하고 $D_{ij}=|M_{ij}|$ 로 나타낸다.

$$D_{ij}=|M_{ij}|=\begin{vmatrix} a_{11} & \cdots & a_{1j-1} & a_{1j+1} & \cdots & a_{1n} \\ \vdots & & \vdots & \vdots & & \vdots \\ a_{i-11} & \cdots & a_{i-1j-1} & a_{i-1j+1} & \cdots & a_{i-1n} \\ a_{i+11} & \cdots & a_{i+1j-1} & a_{i+1j+1} & \cdots & a_{i+1n} \\ \vdots & & \vdots & \vdots & & \vdots \\ a_{n1} & \cdots & a_{nj-1} & a_{nj+1} & \cdots & a_{nn} \end{vmatrix}$$

소행렬식에 부호를 곱한수

$$C_{ij}=(-1)^{i+j}|M_{ij}|$$

를 성분 a_{ij} 의 **여인수** (cofactor) 라 한다.

【정의】 3.2.1 $n\times n$ 행렬 $A=(a_{ij})_{n\times n}$ 에서 성분 a_{ij} 의 여인수들로 이루어진 행렬을 **여인수행렬** (matrix of cofactors)이라 하고, 이 행렬을 전치시킨 행렬을 **수반행렬**(adjoint matrix of A)이라 하고 다음과 같이 나타낸다.

여인수 행렬 : $$C = \begin{pmatrix} C_{11} & C_{12} \cdots & C_{1n} \\ C_{21} & C_{22} \cdots & C_{2n} \\ \vdots & \vdots \ddots & \vdots \\ C_{n1} & C_{n2} \cdots & C_{nn} \end{pmatrix}$$

수반행렬: $$adj(A) = C^T = \begin{pmatrix} C_{11} & C_{21} & \cdots & C_{n1} \\ C_{12} & C_{22} & \cdots & C_{n2} \\ \vdots & \vdots & \ddots & \vdots \\ C_{1n} & C_{2n} & \cdots & C_{nn} \end{pmatrix}$$

【예제】 3.2.2

다음 행렬 A 에 대하여 여인수 행렬과 수반 행렬을 구하라.

$$A = \begin{pmatrix} 1 & 2 & 3 \\ 4 & 5 & 6 \\ 7 & 8 & 9 \end{pmatrix}$$

[풀이]

a_{11} 의 여인수 : $C_{11} = (-1)^{1+1}\begin{vmatrix} 5 & 6 \\ 8 & 9 \end{vmatrix} = -3$

a_{12} 의 여인수 : $C_{12} = (-1)^{1+2}\begin{vmatrix} 4 & 6 \\ 7 & 9 \end{vmatrix} = 6$

a_{13} 의 여인수 : $C_{13} = (-1)^{1+3}\begin{vmatrix} 4 & 5 \\ 7 & 8 \end{vmatrix} = -3$

a_{21} 의 여인수 : $C_{21} = (-1)^{2+1}\begin{vmatrix} 2 & 3 \\ 8 & 9 \end{vmatrix} = 6$

a_{22} 의 여인수 : $C_{22} = (-1)^{2+2}\begin{vmatrix} 1 & 3 \\ 7 & 9 \end{vmatrix} = -12$

a_{23} 의 여인수 : $C_{23} = (-1)^{2+3}\begin{vmatrix} 1 & 2 \\ 7 & 8 \end{vmatrix} = 6$

a_{31} 의 여인수 : $C_{31} = (-1)^{3+1}\begin{vmatrix} 2 & 3 \\ 5 & 6 \end{vmatrix} = -3$

a_{32} 의 여인수 . $C_{32} = (-1)^{3+2}\begin{vmatrix} 1 & 3 \\ 4 & 6 \end{vmatrix} = 6$

a_{33} 의 여인수 : $C_{33} = (-1)^{3+3}\begin{vmatrix} 1 & 2 \\ 4 & 5 \end{vmatrix} = -3$

이다. 따라서 여인수 행렬은

$$C=\begin{pmatrix}-3 & 6 & -3\\ 6 & -12 & 6\\ -3 & 6 & 3\end{pmatrix}\quad \text{이고,}$$

수반행렬은

$$adj(A)=C^T=\begin{pmatrix}-3 & 6 & -3\\ 6 & -12 & 6\\ -3 & 6 & 3\end{pmatrix}\quad \text{이다.}$$

$n\times n$ 행렬 $A=(a_{ij})_{n\times n}$ 에서 성분 a_{ij} 의 소행렬식 $|M_{ij}|$ 와 여인수 C_{ij} 의 관계는 $C_{ij}=\pm|M_{ij}|$ 이다. 부호에 유의해야 하므로 아래의 편리한 방법을 알아두자.

$$\begin{vmatrix} + & - & + & - & \cdots & \cdots\\ - & + & - & + & \cdots & \cdots\\ + & - & + & - & \cdots & \cdots\\ - & + & - & + & \cdots & \cdots\\ \vdots & \vdots & \vdots & \vdots & \vdots & \vdots\\ \vdots & \vdots & \vdots & \vdots & \vdots & \vdots \end{vmatrix}$$

우선, 행렬 A 를 다음과 같이 3×3 행렬에 대하여 생각해 보자

앞절 **정의 3.1.5** 에서 $A=\begin{pmatrix}a_{11} & a_{12} & a_{13}\\ a_{21} & a_{22} & a_{23}\\ a_{31} & a_{32} & a_{33}\end{pmatrix}$ 의 행렬식은

$$\det(A)=\begin{vmatrix}a_{11} & a_{12} & a_{13}\\ a_{21} & a_{22} & a_{23}\\ a_{31} & a_{32} & a_{33}\end{vmatrix}=a_{11}a_{22}a_{33}+a_{12}a_{23}a_{31}+a_{13}a_{21}a_{32} \tag{2}$$

$$-a_{13}a_{22}a_{31}-a_{11}a_{23}a_{32}-a_{12}a_{21}a_{33}$$

이다.

이것을 다음과 같이 다시 나타내면

$$\begin{aligned}\det(A) &= a_{11}(a_{22}a_{33}-a_{23}a_{32})+a_{12}(a_{23}a_{31}-a_{21}a_{33})+a_{13}(a_{21}a_{32}-a_{22}a_{31})\\ &= a_{11}\begin{vmatrix} a_{22} & a_{23} \\ a_{32} & a_{33}\end{vmatrix} - a_{12}\begin{vmatrix} a_{21} & a_{23} \\ a_{31} & a_{33}\end{vmatrix} + a_{13}\begin{vmatrix} a_{21} & a_{22} \\ a_{31} & a_{32}\end{vmatrix}\\ &= a_{11}C_{11}+a_{12}C_{12}+a_{13}C_{13}\end{aligned}$$

이다. 이러한 3×3 행렬 A 의 행렬식은 A 의 1 행의 모든 원소에 대응 되는 여인수를 곱하여 더한 합이며, 이와 같은 방법으로 행렬식을 구하는 것을 3×3 행렬 A 의 1 행에 관한 **여인수 전개** (cofactor expansion) 라 부른다.

같은 방법으로 3×3 행렬 A 의 행렬식은 다음과 같은 관계식을 얻을 수 있다.

$$\begin{aligned}\det(A) &= a_{11}C_{11}+a_{12}C_{12}+a_{13}C_{13} && (1\text{행에 의한 여인수전개})\\ &= a_{21}C_{21}+a_{22}C_{22}+a_{23}C_{23} && (2\text{행에 의한 여인수전개})\\ &= a_{31}C_{31}+a_{32}C_{32}+a_{33}C_{33} && (3\text{행에 의한 여인수전개})\\ &= a_{11}C_{11}+a_{21}C_{21}+a_{31}C_{31} && (1\text{열에 의한 여인수전개})\\ &= a_{12}C_{12}+a_{22}C_{22}+a_{32}C_{32} && (2\text{열에 의한 여인수전개})\\ &= a_{13}C_{13}+a_{23}C_{23}+a_{33}C_{33} && (3\text{열에 의한 여인수전개})\end{aligned}$$

3×3 행렬에 대한 여인수 전개는 $n\times n$ 행렬 ($n\geq 2$ 인 자연수) 의 특별한 경우이며, 여인수를 사용하면 모든 $n\times n$ 행렬의 행렬식을 여인수의 곱으로 나타 낼 수 있음을 다음정리를 통해 알 수 있다.

〖정리〗 3.2.3

$n \times n$ 행렬 의 행렬식을 행 또는 열에 관하여 여인수 전개를 하면 다음과 같이 전개된다.

임의의 $1 \leq i, j \leq n$ 에 대하여

(1) $\det(A) = a_{i1} C_{i1} + a_{i2} C_{i2} + \cdots + a_{in} C_{in}$ (제 i 행에 의한 여인수 전개식)

(2) $\det(A) = a_{1j} C_{1j} + a_{2j} C_{2j} + \cdots + a_{nj} C_{nj}$ (제 j 열에 의한 여인수 전개식)

증명은 생략한다.

【예제】 3.2.4 다음 행렬 A의 행렬식의 값을 1행과 2열에 관한 여인수 전개식으로 구한 후 값을 비교해보아라.

$$A = \begin{pmatrix} 2 & -1 & 3 \\ 3 & 2 & 2 \\ -1 & 0 & 1 \end{pmatrix}$$

[풀이]

먼저 1행에 관한 전개식을 구해보자.

$C_{11} = 2$, $C_{12} = -5$, $C_{13} = 2$ 이므로

$$\det(A) = a_{11} C_{11} + a_{12} C_{12} + a_{13} C_{13} = (2)(2) + (-1)(-5) + (3)(2) = 15$$

이고,

2열에 관한 전개식을 구해보면

$C_{12} = -5$, $C_{22} = 5$, $C_{32} = 5$ 이므로

$\det(A) = a_{12} C_{12} + a_{22} C_{22} + a_{32} C_{32}$

$$= (-1)(-5) + (2)(5) + (0)(-5) = 15 \quad \text{이다.}$$

따라서, 1행과 2열에 관한 전개식으로 알아본 행렬식의 값은 같다.

【유제】 3.2.5

다음 행렬 A의 행렬식의 값을 여인수 전개식으로 구하라.

$$A = \begin{pmatrix} 2 & -1 & 3 \\ 4 & 5 & 0 \\ -1 & 0 & 2 \end{pmatrix}$$

【예제】 3.2.6

다음 행렬 A의 행렬식의 값을 여인수 전개식으로 구하라.

$$A = \begin{pmatrix} 5 & 1 & 2 & 4 \\ -1 & 0 & 2 & 3 \\ 1 & 1 & 6 & 1 \\ 1 & 0 & 0 & -4 \end{pmatrix}$$

[풀이]

위 예제는 4행에 관한 여인수 전개를 하면 계산이 간편해진다.

$$\det(A) = -\begin{vmatrix} 1 & 2 & 4 \\ 0 & 2 & 3 \\ 1 & 6 & 1 \end{vmatrix} - 4\begin{vmatrix} 5 & 1 & 2 \\ -1 & 0 & 2 \\ 1 & 1 & 6 \end{vmatrix} = 34$$

【예제】 3.2.7

다음 행렬 A의 행렬식의 값을 여인수 전개식으로 구하라.

$$A = \begin{pmatrix} 7 & 1 & 2 & 4 \\ -1 & 0 & 0 & 3 \\ 3 & 1 & -2 & 1 \\ 2 & 0 & 4 & -3 \end{pmatrix}$$

앞에서 여인수 전개를 사용하여 3×3 행렬 A 의 행렬식은 $\sum_{j=1}^{3} a_{ij} C_{kj} (i, k = 1, 2, 3)$ 에서 $i = k$ 이면 $\sum_{j=1}^{3} a_{ij} C_{kj} = |A|$ 임을 나타낸다. 만일, 이 전개식에서 $i \neq k$ 일 때, 예를 들어 $i = 1$ 이고 $k = 2$ 이면

$$
\begin{aligned}
\sum_{j=1}^{3} a_{1j} C_{2j} &= a_{11} C_{21} + a_{12} C_{22} + a_{13} C_{23} \\
&= -a_{11} \begin{vmatrix} a_{12} & a_{13} \\ a_{32} & a_{33} \end{vmatrix} + a_{12} \begin{vmatrix} a_{11} & a_{13} \\ a_{31} & a_{33} \end{vmatrix} - a_{13} \begin{vmatrix} a_{11} & a_{12} \\ a_{31} & a_{32} \end{vmatrix} \\
&= 0
\end{aligned}
$$

이므로 나머지 경우에 대해서도 $i \neq k$ 이면 $\sum_{j=1}^{3} a_{ij} C_{kj} = 0$ 임을 알 수 있다.

일반적으로 $n \times n$ 행렬에서도 이와같은 성질이 성립한다.

【정리】 3.2.8

$n \times n$ 행렬에서 다음의 여인수 전개식이 성립한다.

(1) $$\sum_{j=1}^{n} a_{ij} C_{kj} = \begin{cases} |A| & , \quad i = k \\ 0 & , \quad i \neq k \end{cases}$$

(2) $$\sum_{i=1}^{n} a_{ij} C_{ik} = \begin{cases} |A| & , \quad j = k \\ 0 & , \quad j \neq k \end{cases}$$

증명은 생략한다.

【예제】 3.2.9

다음 행렬 A 에 대하여 정리 8이 성립함을 보여라.

$$A = \begin{pmatrix} 4 & 5 & 0 \\ 0 & 1 & 2 \\ 1 & 2 & 3 \end{pmatrix}$$

[풀이]

행렬 A 의 여인수는

$C_{11} = -1,\ C_{12} = 2,\ C_{13} = -1,$

$C_{21} = -15,\quad C_{22} = 12,\ C_{23} = -3$

$C_{31} = 10,\quad C_{32} = -8,\quad C_{33} = 4$

이고 $|A| = 6$ 이다. 따라서 **정리3.2.8** 에서 $i = k = 1$ 인 경우에

$a_{11}C_{11} + a_{12}C_{12} + a_{13}C_{13} = (4)(-1) + (5)(2) + (0)(-1) = 6 = |A|$

이고, $i = k = 2,\ i = k = 3$ 인 경우에도 $|A| = 6$ 이 됨을 확인할 수 있다.

그러나, $i = 1,\ k = 2$ 인 경우에

$a_{11}C_{21} + a_{12}C_{22} + a_{13}C_{23} = (4)(-15) + (5)(12) + (0)(-3) = 0$

$i = 1, k = 3$ 인 경우엔

$a_{11}C_{31} + a_{12}C_{32} + a_{13}C_{33} = (4)(10) + (5)(-8) + (0)(4) = 0$

이 나오므로 $i \neq k$ 인 경우에 **정리3.2.8**이 성립함을 알 수 있다.

$n \times n$ 행렬 A 의 행렬식의 값($|A| \neq 0$)이 0이 아닐 때, A 를 **정칙행렬**(non-singular matrix) 또는 **가역행렬**(invertible matrix)이라 하고, $|A| = 0$ 일 때, A 를 **특이행렬**(singular matrix) 이라고 한다. 앞 절에서 역행렬이 존재하는 행렬을 가역행렬(invertible matrix)이라 정의 하였던 것을 상기해보자. 다음 **정리3.2.10**에서 정칙행렬과 가역행렬의 개념이 같다는 것을 알게 된다.

【정리】 3.2.10

$n \times n$ 행렬 A 가 역행렬을 갖기위한 필요충분조건은 $|A| \neq 0$ 이고, 역행렬은 다음과 같이 구한다.

$$A^{-1} = \frac{adj(A)}{\det(A)} = \frac{adj(A)}{|A|}$$

[증명] $n \times n$ 행렬 A 가 역행렬을 갖는다고 하자. $AA^{-1} = A^{-1}A = I$ 인 A 의 역행렬 A^{-1} 이 단 하나 존재하고 $|AA^{-1}| = |A||A^{-1}| = |I| = 1$ 이므로 $|A| \neq 0$ 즉, 정칙행렬이다. 역으로 $|A| \neq 0$ 이면 역행렬이 존재함을 보이자. A 와 수반행렬 $adj(A)$ 의 곱을 계산해보면

$$A(adj(A)) = \begin{pmatrix} a_{11} & a_{12} & \cdots & a_{1n} \\ a_{21} & a_{21} & \cdots & a_{2n} \\ \vdots & \vdots & \ddots & \vdots \\ a_{n1} & a_{n2} & \cdots & a_{nn} \end{pmatrix} \begin{pmatrix} C_{11} & C_{21} & \cdots & C_{n1} \\ C_{12} & C_{22} & \cdots & C_{n2} \\ \vdots & \vdots & \ddots & \vdots \\ C_{1n} & C_{2n} & \cdots & C_{nn} \end{pmatrix}$$

$$= \begin{pmatrix} \sum_{j=1}^{n} a_{1j}C_{1j} & \sum_{j=1}^{n} a_{1j}C_{2j} & \cdots & \sum_{j=1}^{n} a_{1j}C_{nj} \\ \sum_{j=1}^{n} a_{2j}C_{1j} & \sum_{j=1}^{n} a_{2j}C_{2j} & \cdots & \sum_{j=1}^{n} a_{2j}C_{nj} \\ \vdots & \vdots & \ddots & \vdots \\ \sum_{j=1}^{n} a_{nj}C_{1j} & \sum_{j=1}^{n} a_{nj}C_{2j} & \cdots & \sum_{j=1}^{n} a_{nj}C_{nj} \end{pmatrix}$$

$$= \begin{pmatrix} |A| & 0 & \cdots & 0 \\ 0 & |A| & \cdots & 0 \\ \vdots & \vdots & \ddots & \vdots \\ 0 & 0 & \cdots & |A| \end{pmatrix} = |A| \begin{pmatrix} 1 & 0 & \cdots & 0 \\ 0 & 1 & \cdots & 0 \\ \vdots & \vdots & \ddots & \vdots \\ 0 & 0 & \cdots & 1 \end{pmatrix} = |A|I.$$

$|A| \neq 0$이므로

$$\frac{A\,adj(A)}{|A|} = I, \quad 즉, \quad A\left(\frac{adj(A)}{|A|}\right) = I$$

이다. 마찬가지로 $\left(\frac{adj(A)}{|A|}\right)A = I$ 이다. 따라서 행렬 A의 역행렬이 존재하고 그 형태는

$$A^{-1} = \frac{adj(A)}{|A|} \quad 이다.$$

【예제】 3.2.11

다음 행렬 A의 역행렬을 구하여라.

$$A=\begin{pmatrix} 2 & 4 & 6 \\ -1 & 2 & 3 \\ 1 & 4 & 9 \end{pmatrix}$$

[풀이]

행렬 A의 여인수를 구하면

$$C_{11}=\begin{vmatrix} 2 & 3 \\ 4 & 9 \end{vmatrix}=6,\quad C_{12}=-\begin{vmatrix} -1 & 3 \\ 1 & 9 \end{vmatrix}=12,\ C_{13}=\begin{vmatrix} -1 & 2 \\ 1 & 4 \end{vmatrix}=-6,$$

$$C_{21}=-\begin{vmatrix} 4 & 6 \\ 4 & 9 \end{vmatrix}=-12,\ C_{22}=\begin{vmatrix} 2 & 6 \\ 1 & 9 \end{vmatrix}=12,\quad C_{23}=-\begin{vmatrix} 2 & 4 \\ 1 & 4 \end{vmatrix}=-4,$$

$$C_{31}=\begin{vmatrix} 4 & 6 \\ 2 & 3 \end{vmatrix}=0,\quad C_{32}=-\begin{vmatrix} 2 & 6 \\ -1 & 3 \end{vmatrix}=-12,\quad C_{33}=\begin{vmatrix} 2 & 4 \\ -1 & 2 \end{vmatrix}=8$$

이므로 수반행렬은 $adj\,(A)=\begin{pmatrix} 6 & -12 & 0 \\ 12 & 12 & -12 \\ -6 & -4 & 8 \end{pmatrix}$

이다. 또한 행렬식을 계산하면

$$|A|=a_{11}C_{11}+a_{12}C_{12}+a_{13}C_{13}=(2)(6)+(4)(12)+(6)(-6)=24$$

이므로 구하려는 행렬 A의 역행렬은

$$A^{-1}=\frac{1}{|A|}adj\,A=\frac{1}{24}\begin{pmatrix} 6 & -12 & 0 \\ 12 & 12 & -12 \\ -6 & -4 & 8 \end{pmatrix}$$ 이다.

【예제】 3.2.12

다음 행렬의 역행렬을 구하여라.

(1) $A=\begin{pmatrix}1&1&0\\1&1&1\\0&2&1\end{pmatrix}$ (2) $B=\begin{pmatrix}1&0&1\\2&1&2\\0&4&6\end{pmatrix}$

[풀이]

(1) 주어진 행렬 A에 대하여 $|A|=-2$이고, 수반행렬과 이를 이용한 역행렬은 각각

$$adj(A)=\begin{pmatrix}-1&-1&1\\-1&1&-1\\2&-2&0\end{pmatrix},\quad A^{-1}=\frac{adj(A)}{|A|}=\begin{pmatrix}\frac{1}{2}&\frac{1}{2}&-\frac{1}{2}\\\frac{1}{2}&-\frac{1}{2}&\frac{1}{2}\\-1&1&0\end{pmatrix}$$

이다.

(2) 주어진 행렬 B에 대하여 $|B|=6$이고, 수반행렬과 이를 이용한 역행렬은 각각

$$adj(B)=\begin{pmatrix}-2&4&-1\\-12&-6&0\\8&-4&1\end{pmatrix},\quad B^{-1}=\frac{adj(B)}{|B|}=\frac{1}{6}\begin{pmatrix}-2&4&-1\\-12&6&0\\8&-4&1\end{pmatrix}$$

이다.

【유제】 3.2.13

다음 행렬의 역행렬을 수반행렬을 이용하여 구하여라.

$A=\begin{pmatrix}1&2&3\\2&1&3\\3&2&1\end{pmatrix}$ $B=\begin{pmatrix}2&5&4\\0&2&-1\\4&-3&1\end{pmatrix}$

정답.

$A^{-1}=\frac{1}{12}\begin{pmatrix}-5&4&3\\7&-8&3\\1&4&-3\end{pmatrix}$ $B^{-1}=\frac{1}{54}\begin{pmatrix}1&17&13\\4&14&-2\\8&-26&-4\end{pmatrix}$

3.2 연습문제

1. 다음 행렬에 대한 여인수를 구하여라.

$$A=\begin{pmatrix}1&2\\3&4\end{pmatrix}\qquad B=\begin{pmatrix}3&5&4\\0&2&1\\-4&-3&1\end{pmatrix}$$

2. 다음 행렬 A의 행렬식의 값을 여인수 전개식으로 구하라.

$$A=\begin{pmatrix}2&4&7\\6&0&3\\1&5&3\end{pmatrix}\qquad B=\begin{pmatrix}-1&8&-7\\6&5&0\\-2&4&0\end{pmatrix}$$

3. 다음 행렬 A의 행렬식의 값을 여인수 전개식으로 구하라.

$$A=\begin{pmatrix}1&1&-3&0\\1&5&3&2\\1&-2&1&0\\4&8&0&0\end{pmatrix}\qquad B=\begin{pmatrix}3&2&0&1&-1\\0&1&4&2&3\\0&0&2&-1&6\\0&0&0&4&3\\0&0&0&0&5\end{pmatrix}$$

4. 다음 행렬의 역행렬를 구하여라.

$$A=\begin{pmatrix}1&4\\2&10\end{pmatrix}\qquad B=\begin{pmatrix}2&2&0\\-2&1&1\\3&0&1\end{pmatrix}$$

정답.

2. $|A| = 120$, $|B| = -238$

3. $|B| = 120$

4. $A^{-1} = \begin{pmatrix} 5 & -2 \\ -1 & \frac{1}{2} \end{pmatrix}$ $\qquad B^{-1} = \frac{1}{12}\begin{pmatrix} 1 & -2 & 20 \\ 5 & 2 & -2 \\ -3 & 6 & 6 \end{pmatrix}$

3.3. Cramer 의 법칙

연립방정식의 해를 행렬식을 이용해 푸는 방법에 대하여 알아보자.

【정리】 3.3.1

Cramer's Rule

다음 연립방정식 [1]

$$\begin{aligned} a_{11}x_1 + a_{12}x_2 + \cdots + a_{1n}x_n &= b_1 \\ a_{21}x_1 + a_{22}x_2 + \cdots + a_{2n}x_n &= b_2 \\ \vdots \qquad\qquad\qquad & \quad \vdots \\ a_{m1}x_1 + a_{m2}x_2 + \cdots + a_{mn}x_n &= b_m \end{aligned}$$

의 계수행렬 A의 $\det(A) \neq 0$ 이면, [1]의 해는

$$x_1 = \frac{\det(A_1)}{\det(A)},\ x_2 = \frac{\det(A_2)}{\det(A)},\ \cdots,\ x_3 = \frac{\det(A_n)}{\det(A)}$$ 이다.

여기서 A_k는 계수행렬 A의 제 k열만을 상수행렬 B의 성분으로 바꿔준 행렬이다.

[증명]

연립방정식 [1]을 **[2]** $AX = \begin{pmatrix} a_{11} & a_{12} & \cdots & a_{1n} \\ a_{21} & a_{22} & \cdots & a_{2n} \\ \vdots & \vdots & & \vdots \\ a_{m1} & a_{m2} & \cdots & a_{mn} \end{pmatrix} \begin{pmatrix} x_1 \\ x_2 \\ \vdots \\ x_n \end{pmatrix} = \begin{pmatrix} b_1 \\ b_2 \\ \vdots \\ b_m \end{pmatrix} = B$ 로

다시 나타내자.

계수행렬 A의 $\det(A) \neq 0$ 이므로 정칙행렬이고, A^{-1} 이 존재해서 [2]의 양변에 A^{-1}을 곱하면

$$X = A^{-1}B = \frac{1}{\det(A)} adj(A)\,B$$

$$= \frac{1}{\det(A)} \begin{pmatrix} C_{11} & C_{21} & \cdots & C_{n1} \\ C_{12} & C_{22} & \cdots & C_{n2} \\ \vdots & \vdots & \ddots & \vdots \\ C_{1n} & C_{2n} & \cdots & C_{nn} \end{pmatrix} \begin{pmatrix} b_1 \\ b_2 \\ \vdots \\ b_n \end{pmatrix}$$

$$= \frac{1}{\det(A)} \begin{pmatrix} b_1 C_{11} + & b_2 C_{21} + & \cdots + b_n C_{n1} \\ b_1 C_{12} + & b_2 C_{22} + & \cdots + b_n C_{n2} \\ \vdots & \vdots & \ddots \quad \vdots \\ b_1 C_{1n} & + b_2 C_{2n} + & \cdots + b_n C_{nn} \end{pmatrix}$$

이다. 그러므로, $x_k = \frac{1}{\det(A)}(b_1 C_{1k} + b_2 C_{2k} + \cdots + b_n C_{nk})$ 이고, 또한 A_k 는 k 열만을 B로 바꿔준 행렬이므로 k열에 관한 행렬식의 여인수 전개식에 의하여 다음의 해를 얻는다.

$$x_k = \frac{\det(A_k)}{\det(A)}, \quad k = 1, 2, \cdots, n \ ,$$

$\det(A_k) = b_1 C_{1k} + b_2 C_{2k} + \cdots + b_n C_{nk}$

【예제】 3.3.2

Cramer 의 법칙을 이용하여 다음 연립방정식의 해를 구하여라.

$$\begin{cases} x_1 - x_3 = 1 \\ 2x_1 + x_2 - x_3 = 0 \\ x_1 + 2x_2 + 5x_3 = 0 \end{cases}$$

[풀이]

계수행렬 $A=\begin{pmatrix}1 & 0 & -1\\ 2 & 1 & -1\\ 1 & 2 & 5\end{pmatrix}$, $B=\begin{pmatrix}1\\0\\0\end{pmatrix}$ **이고** $\det(A)=4\neq 0$ **이므로**

Cramer 의 법칙을 이용하여 해를 구하면 다음을 얻는다.

$$x_1=\frac{\det(A_1)}{\det(A)}=\frac{\begin{vmatrix}1 & 0 & 1\\ 0 & 1 & -1\\ 0 & 2 & 5\end{vmatrix}}{4}=\frac{7}{4},$$

$$x_2=\frac{\det(A_2)}{\det(A)}=\frac{\begin{vmatrix}1 & 1 & 1\\ 2 & 0 & -1\\ 1 & 0 & 5\end{vmatrix}}{4}=\frac{-11}{4},$$

$$x_3=\frac{\det(A_3)}{\det(A)}=\frac{\begin{vmatrix}1 & 0 & 1\\ 2 & 1 & 0\\ 1 & 2 & 0\end{vmatrix}}{4}=\frac{3}{4}$$

【유제】 3.3.3

Cramer 의 법칙을 이용하여 다-음 연립방정식의 해를 구하여라.

$$\begin{cases}2x_1-x_2+\ 3x_3 &=1\\ 3x_1+2x_2+\ 2x_3 &=-2\\ -x_1 \qquad +\ x_3 &=\ 2\end{cases}$$

정답.

$x_1=-\frac{16}{15}$, $x_2=-\frac{1}{3}$, $x_3=\frac{14}{15}$

【예제】 3.3.4

다음 연립방정식의 해를 역행렬을 이용하여 해를 구하여라.

$$\begin{cases} 2x_1 - 5x_2 + 2x_3 = 7 \\ x_1 + 2x_2 - 4x_3 = 3 \\ 3x_1 - 4x_2 - 6x_3 = 5 \end{cases}$$

[풀이]

$$AX = \begin{pmatrix} 2 & -5 & 2 \\ 1 & 2 & -4 \\ 3 & -4 & -6 \end{pmatrix}\begin{pmatrix} x_1 \\ x_2 \\ x_3 \end{pmatrix} = \begin{pmatrix} 7 \\ 3 \\ 5 \end{pmatrix} = B,\ \det(A) = -46 \neq 0$$ 이고

$$A^{-1} = -\frac{1}{46}\begin{pmatrix} -28 & -38 & 16 \\ -6 & -18 & 10 \\ -10 & -7 & 9 \end{pmatrix}$$ 이므로 연립방정식의 해

$$X = \begin{pmatrix} x_1 \\ x_2 \\ x_3 \end{pmatrix} = -\frac{1}{46}\begin{pmatrix} -28 & -38 & 16 \\ -6 & -18 & 10 \\ -10 & -7 & 9 \end{pmatrix}\begin{pmatrix} 7 \\ 3 \\ 5 \end{pmatrix} = -\frac{1}{46}\begin{pmatrix} -230 \\ -46 \\ -46 \end{pmatrix} = \begin{pmatrix} 5 \\ 1 \\ 1 \end{pmatrix}$$ 를 얻는다.

【예제】 3.3.5

다음 연립방정식의 해를 **Cramer** 의 법칙을 이용하여 구하고 위의 **예제3.3.4** 의 답과 비교해보아라.

$$\begin{cases} 2x_1 - 5x_2 + 2x_3 = 7 \\ x_1 + 2x_2 - 4x_3 = 3 \\ 3x_1 - 4x_2 - 6x_3 = 5 \end{cases}$$

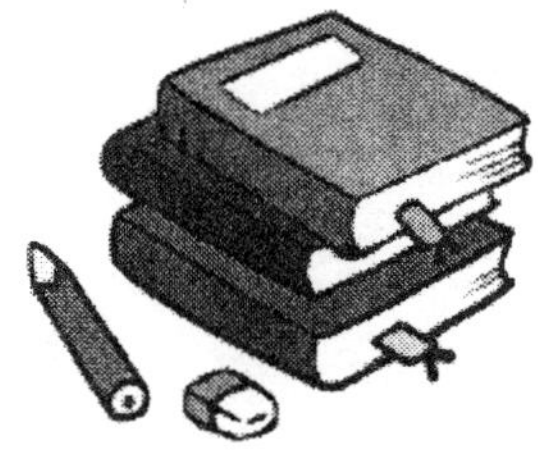

제4장 벡 터

이 장에서는 삼차원 공간의 좌표계와 벡터를 공부한다. 이는 이변수 함수가 삼차원 공간에서 곡면을 나타내기 때문에 이변수 함수를 쉽게 이해하도록 하기 위함이며 벡터를 이용하면 삼차원공간에서 직선과 평면을 쉽게 표시 할 수 있음을 알 수 있다.

4.1 3−공간에서의 좌표계

평면에서 한 점의 위치를 결정 하는 데에는 두 수가 필요하고 평면의 모든 점은 두 실수의 순서쌍 (x, y) 로 나타낼 수 있음을 알 수 있다. 이와 같은 이유로 평면을 이차원이라 부르고 데카르트 곱 $R\times R=\{(x, y)|x, y\in R\}$는 두 실수의 순서쌍 전체의 집합이고, R^2로 나타낸다. 이차원 해석기하학에서 x와 y 를 포함하는 식 $y=f(x)$ 의 그래프는 R^2 평면 위에서 그려지는 곡선들이다.

또한, 공간에서 한 점의 위치를 결정하는 데에는 세수가 필요하고 공간의 모든 점은 세 실수의 순서쌍 (x, y, z) 로 나타내어진다. 데카르트 곱 $R\times R\times R=\{(x, y, z)|x, y, z\in R\}$ 는 세 실수의 순서쌍 전체의 집합이고, R^3로 나타낸다. R^3공간의 점들과 R^3의 순서쌍 (x, y, z) 사이에 일대일 대응 관계를 준 것으로 **삼차원 직교좌표계** 또는 **데**

카르트좌표계라 부른다. 이차원 해석기하학에서 x, y, z 를 포함하는 식 $z=f(x,y)$ 의 그래프는 R^3 공간상에 놓이는 곡면들이다.

공간에서 데카르트좌표 원점이라고 부르는 점 O를 통과하는 서로 수직인 세 직선을 생각하자. 이 직선을 각각 x-축, y-축, z-축이라고 부른다. 이 축에 대하여 축상의 점과 실수의 집합을 각각 대응시키고 원점 O는 실수 0을 대응시킨다.

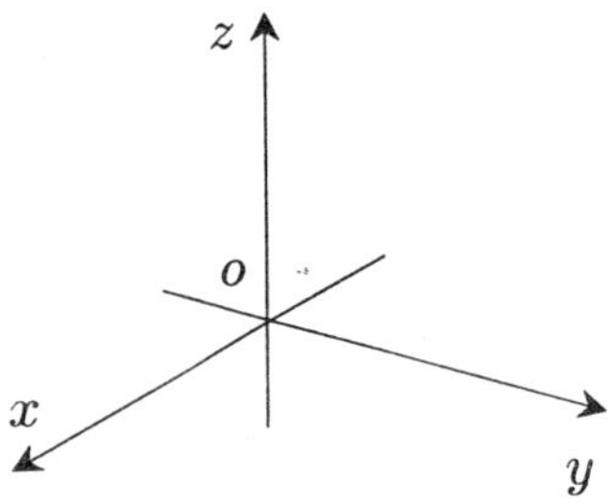

[그림4.1.1]좌표축

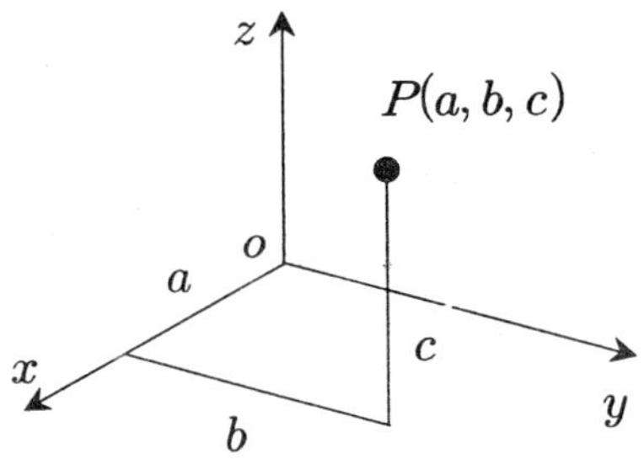

[그림4.1.2]

임의의 점 P가 R^3 공간상의 점이면 세 축에 수직하고 P를 지나는 세 평면은 실수 a, b, c에 대응하는 점에서 x축, y축, z축과 각각 만난다. 따라서 우리는 P를 세 순서쌍(a, b, c)와 관련시킨다. [그림 4.1.2]

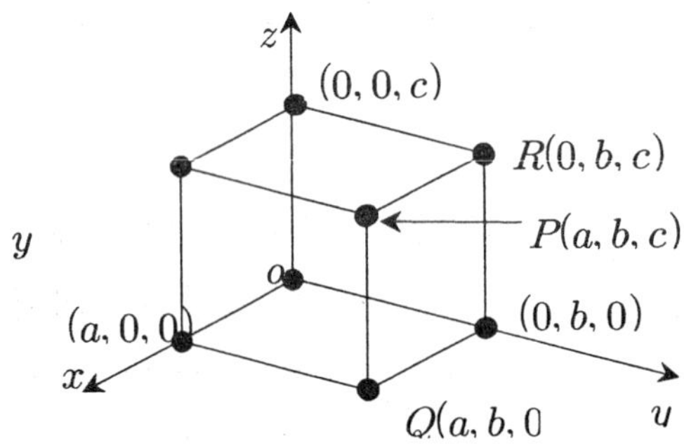

[그림4.1.3]

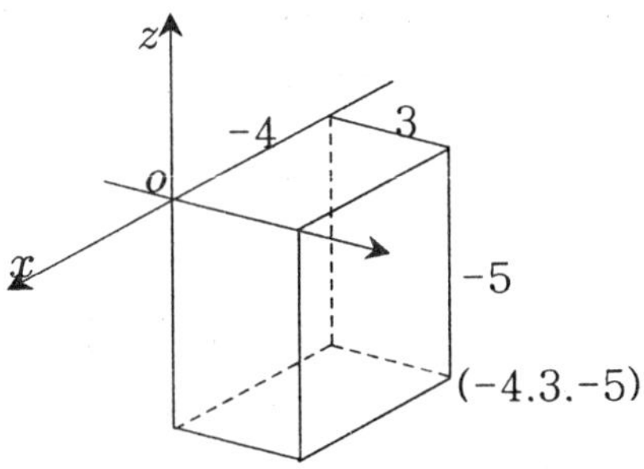

[그림4.1.4]

점 $P(a,b,c)$ 는 [그림4.1.3]에서와 같은 직육면체를 결정한다. 점 P 에서 xy 평면에 수직선을 내리면 좌표가 $(a,b,0)$ 인 점 Q 를 얻게 되는데, 이 점을 xy 평면 위의 P의 **사영**(projection)이라 부른다. 마찬가지로 $R(0,b,c)$ 와 $S(a,0,c)$ 는 각각 yz 평면과 xz 평면 위의 P 의 사영이다.

예를 들어, 공간상의 점 $(-4,3,-5)$은 [그림4.1.4] 로 나타내어진다.

이미 우리가 서술했던 것을 연상하면 공간의 각 점은 실수의 세 순서쌍 (x,y,z)과 일대일 대응이고 역으로, 각 세 순서쌍(x,y,z)는 공간상의 임의의 한 점과 일대일로 대응한다. 이러한 대응은 우리가 방정식에 의하여 공간에서의 기하학적 물체들을 서술할 수 있도록 가능하게 한다.

【예제】 4.1.1

다음의 식은 R^3 에서 어떤 곡면을 나타내는가?

(1) $x=2$ (2) $y=3$ (3) $z=5$

[풀이]

(1) $x=2$ 은 R^3 에서 x 좌표가 2 인 모든 점들의 집합 $\{(x,y,z)|x=2\}$을 나타낸다.

(2) $y=5$ 은 R^3 에서 y 좌표가 5 인 모든 점들의 집합 $\{(x,y,z)|y=5\}$을 나타낸다.

(3) $z=3$ 은 R^3 에서 z 좌표가 3 인 모든 점들의 집합 $\{(x,y,z)|z=3\}$을 나타낸다.

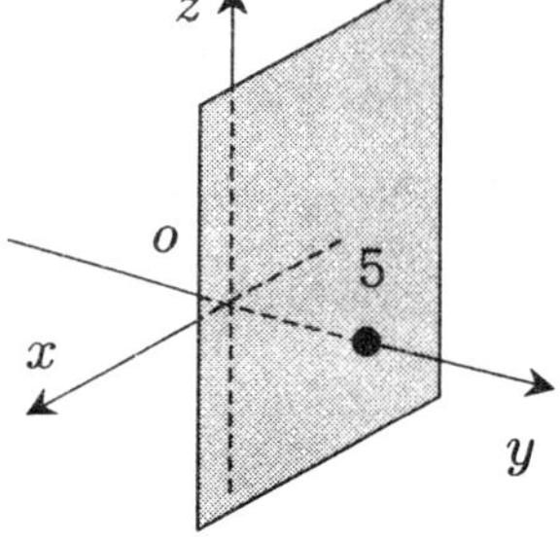

(2)번 그림

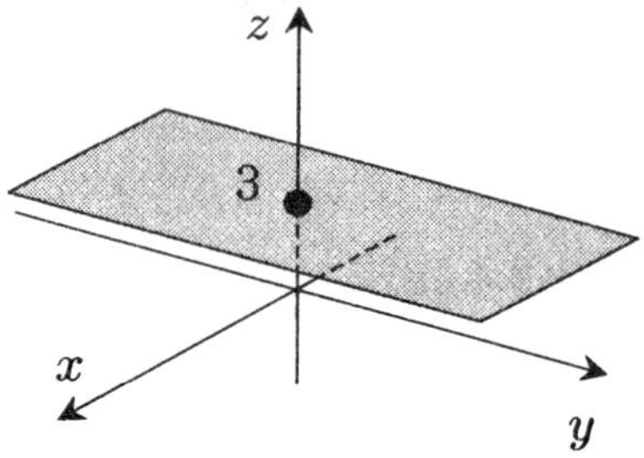

(3) 번 그림

【유제】 4.1.2

공간상의 점 (3, −2, −6)을 가지고 직육면체로 나타 내어라.

【유제】 4.1.3

식 $y=z$ 로 나타내지는 R^3 곡면을 설명하고 , 그 개형을 그려라.

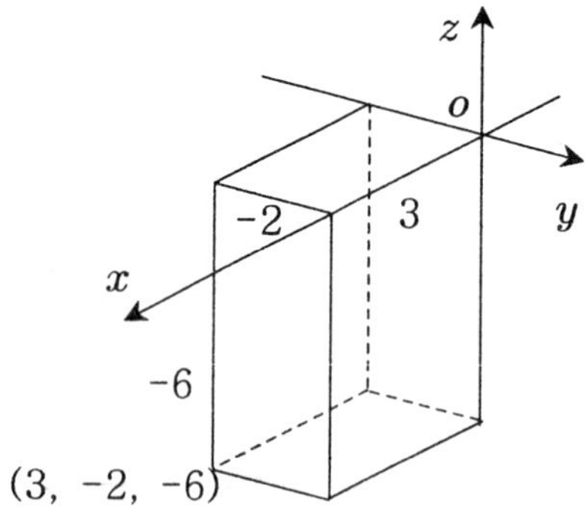

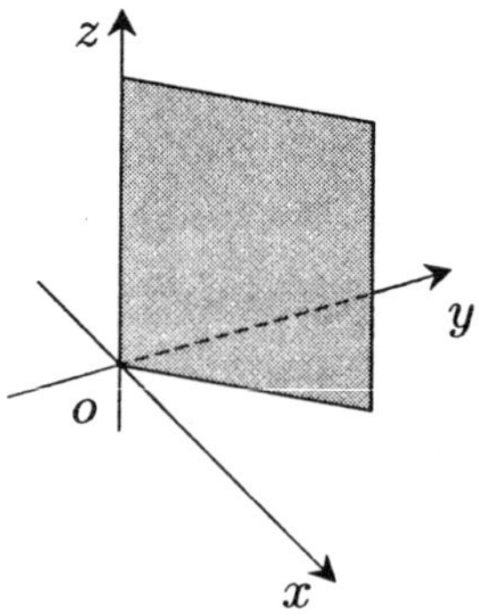

☞ 거리공식

평면상의 두 점 $P=(x_1,\ y_1),\ Q=(x_2,\ y_2)$ 사이의 **거리**

[1] $|PQ|=\sqrt{(x_2-x_1)^2+(y_2-y_1)^2}$

공간상의 두 점 $P_1=(x_1,\ y_1,\ z_1),\ \ P_2=(x_2,\ y_2,\ z_2)$ 사이의
(거리[그림4.1.5]참조)

[2] $|P_1P_2|=\sqrt{(x_2-x_1)^2+(y_2-y_1)^2+(z_2-z_1)^2}$

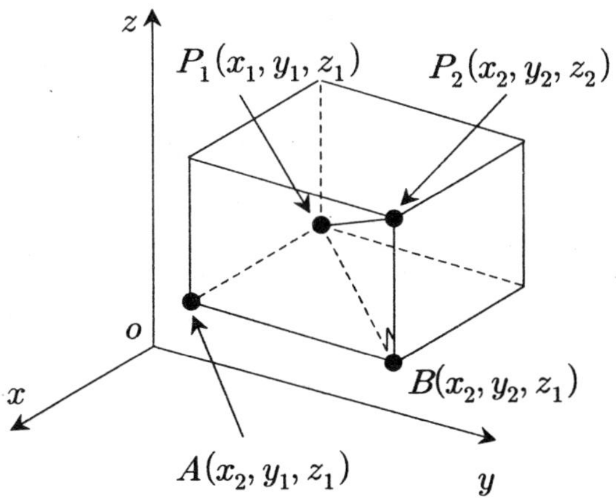

[그림4.1.5]

【예제】 4.1.4

$P=(-1,3,6),\ Q=(4,0,5)$일 때 $|PQ|$, $|PO|$, $|OQ|$를 각각 구하여라.

[풀이]

거리공식[2]에 의하여 계산하면 다음과 같다.

$$|PQ| = \sqrt{((4-(-1))^2 + (0-3)^2 + (5-6)^2} = \sqrt{35}$$
$$|PO| = \sqrt{(-1)^2 + 3^2 + 6^2} = \sqrt{46}$$
$$|OQ| = \sqrt{4^2 + 0^2 + 5^2} = \sqrt{41}$$

【유제】 4.1.5

$P = (-2, 3, 5)$, $Q = (1, 0, 7)$ 일 때 $|PQ|, |PO|, |OQ|$를 각각 구하여라.

공간에서 두 점 사이의 거리에 다음의 중요한 성질이 성립한다.

[1] $|PQ| = 0$일 필요충분조건은 $P = Q$.
[2] $|PQ| = |QP|$.
[3] $|PQ| \le |PR| + |RQ|$. (삼각부등식)

처음 두 개의 성질은 식으로부터 직접 증명할 수 있고, 세 번째 성질은 삼각형에서 임의의 한 변의 길이는 다른 나머지 두 변의 길이의 합보다 작다는 것을 의미하며 **삼각부등식**이라 한다.

중심 $P_0 = (x_0, y_0, z_0)$이고 반지름이 a인 구는 $|P_0P| = a$을 만족하는 점 P의 집합으로 정의한다.

따라서 점 $P = (x, y, z)$가 구면상에 놓일 필요충분조건은

$$\sqrt{(x-x_0)^2 + (y-y_0)^2 + (z-z_0)^2} = a \quad \text{이다.}$$

즉, $(x-x_0)^2 + (y-y_0)^2 + (z-z_0)^2 = a^2$은 공간에서 구면의 방정식이다.

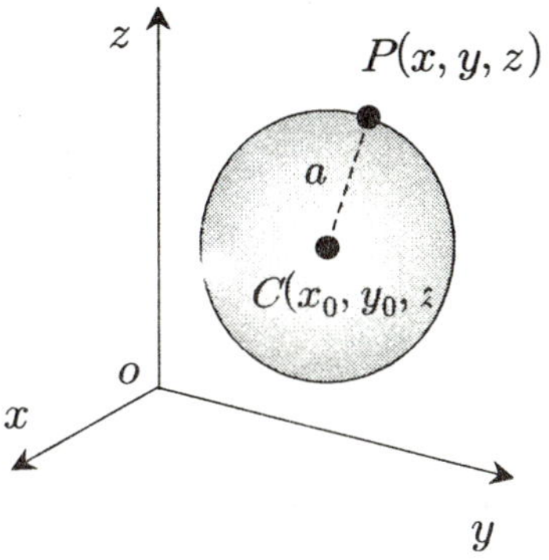

【예제】 4.1.6

$x^2+y^2+z^2=2x+4y-6z$ 가 구의방정식임을 증명하고, 이 구의 중심과 반지름을 구하여라.

[풀이]

주어진 방정식을 변형하면

$(x^2-2x+1)+(y^2-4y+4)+(z^2+6z+9)=1+4+9$

즉, $(x-1)^2+(y-2)^2+(z+3)^2=14.$

따라서 주어진 방정식은 중심이 $(1,\ 2,\ -3)$이고 반경 $\sqrt{14}$ 인 구이다.

중심이 $P_0=(x_0, y_0, z_0)$이고 반경이 a인 공(ball)은

$$\sqrt{(x-x_0)^2+(y-y_0)^2+(z-z_0)^2} \le a$$

을 만족하는 점 $P=(x, y, z)$의 집합으로 정의된다.
이것은

$$(x-x_0)^2+(y-y_0)^2+(z-z_0)^2 \le a^2$$

와 동치이다. 공은 공간에서 구면에 의하여 둘러싸인 **입체영역**이다.

평면에서 대응되는 영역은 원에 의하여 둘러싸여 있다. 평면위의 이러한 영역을 원판이라고 부른다. 중심이 $P_0 = (x_0, y_0)$이고 반지름이 a인 원판은

$$\sqrt{(x-x_0)^2 + (y-y_0)^2} \le a$$

을 만족하는 점 $P = (x, y)$의 모임이다. 이것은

$$(x-x_0)^2 + (y-y_0)^2 \le a^2$$

과 동치이다.

4.1 연습문제

1. 점 $P(6,2,3)$, $Q(-5,-1,4)$와 $R(0,3,8)$ 중에서 xz 평면에 가장 가까운 점을 구하여라.

2. 방정식 $x+y=1$ 로 표시되는 곡면을 R^3 공간에 나타내고, 설명하여라.

3. 중심이 $(0,0,-1)$ 이고 반지름이 4인 구면의 방정식을 구하여라.

4. 다음 방정식이 구면을 나타냄을 보이고, 구면의 중심과 반지름을 구하여라.

$$x^2+y^2+z^2-2x-4y-6z+5=0$$

5. 공간에서 다음과 같이 주어진 방정식 또는 부등식으로 나타내어지는 영역을 말로 설명하여라.

(1) $x=3$
(2) $y\geq 2$
(3) $|z|\leq 1$
(4) $x^2+z^2\leq 4$
(5) $x^2+y^2+z^2\geq 1$

정답. 3. $x^2+y^2+(z+1)^2=16$
4. 중심: $(1,2,3)$ 반지름 : 3

4.2 평면 및 공간에서의 벡터

☞ 벡터(vector)

일상생활에서 많이 쓰는 것으로서 키, 몸무게, 잠자는 시간, 한 달 동안 사용한 휴대폰 요금, 또는 하루 동안 마시는 물의 양 등을 따질 때에는 단순히 숫자의 크기만을 생각한다. 이와 같은 양을 **스칼라**(scalar)라고 하며, 어떤 물체에 작용하는 외부의 힘, 물체가 움직이는 속도, 가속도 등을 제대로 설명하려면, 방향까지도 고려해야 한다. 이와 같이 크기뿐 아니라 방향까지 갖는 수학적 대상을 **벡터**(vector)라 한다.

벡터는 흔히 화살표나 유향선분으로 나타낸다. 화살표의 길이는 벡터의 크기를 나타내고, 화살표는 벡터의 방향을 가리킨다. [그림 4.2.1(1)]은 점 P에서 점 Q로 향하는 벡터를 $\overrightarrow{PQ}$ 로 나타내고 P 를 시점, Q를 끝점, 점 P에서 점 Q까지의 길이를 벡터 $\overrightarrow{PQ}$의 크기가 된다.

그리고, $10kg(\overrightarrow{OP})$ 과 $5kg(\overrightarrow{OQ})$ 의 힘이 같은 평면 위에서 45° 의 각을 이루고 있다면 다음 [그림 4.2.1(2)]로 나타낼 수 있다.

[그림4.2.1](1)

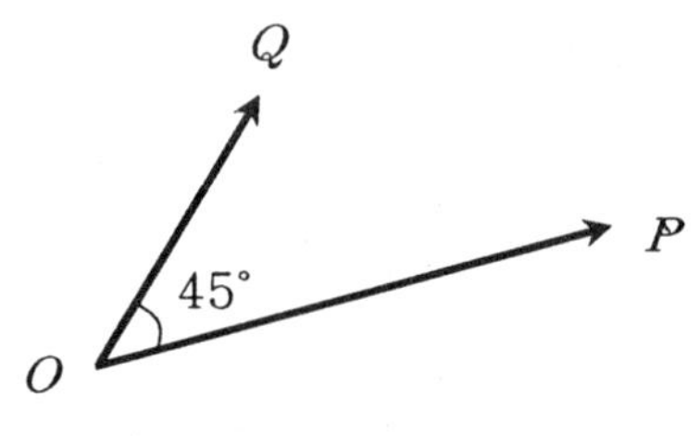

[그림4.2.1](2)

〖정의〗 4.2.1

방향이 있는 선분을 벡터라 부른다. 선분의 길이를 벡터의 크기, 선분의 방향을 벡터의 방향이라 부른다.

nb 벡터들을 $\vec{a}, \vec{b}, \vec{c}, \cdots, \vec{x}, \vec{y}, \vec{z}, \cdots$라 나타내기로 하고, 벡터 $\vec{a}$의 크기를 $\| \vec{a} \|$라고 나타낸다.

크기가 1인 벡터를 단위벡터(unit vector)라 부르고, 크기가 0인 벡터 또는 시점과 끝점이 일치하는 벡터를 영벡터라 부르며 이를 O이라 나타낸다.

☞ 벡터의 상등

위의 정의로부터 한 벡터는 크기와 방향이 같은 모든 선분들의 모임으로 정의할 수 있다. 다시 말하면, 비록 시작점이 다르더라도 크기와 방향이 같은 두 선분은 같은 벡터를 나타낸다. 두 벡터 $\vec{a}$와$\vec{b}$가 같으면 $\vec{a}=\vec{b}$라 쓰고, 같지 않으면 $\vec{a}\neq\vec{b}$라 쓴다.

두 벡터가 방향이 평행하고 크기가 같으면 그 두벡터는 같다고 하고 비록 시작점이 다를지라도 같은 벡터로 본다.

직관적으로 벡터는 그림과 같이 화살표에 의하여 기술된 공간에서의 유향선분이다. 벡터는 공간에서 운동의 연구에서 늘 나타난다. 예를 들어 [그림4.2.2]과 같이 길을 따라 움직이는 질점을 생각한다.

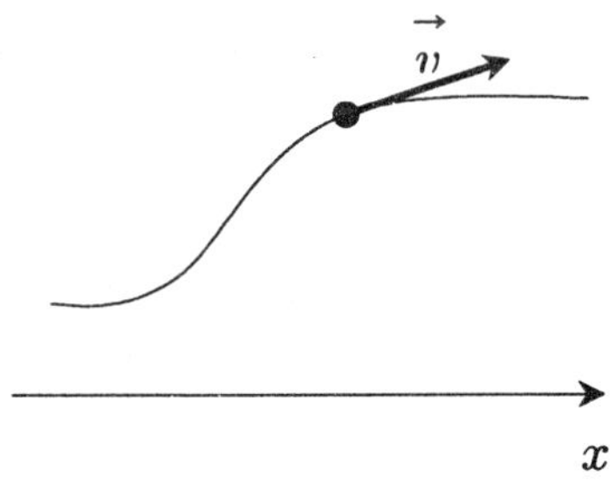

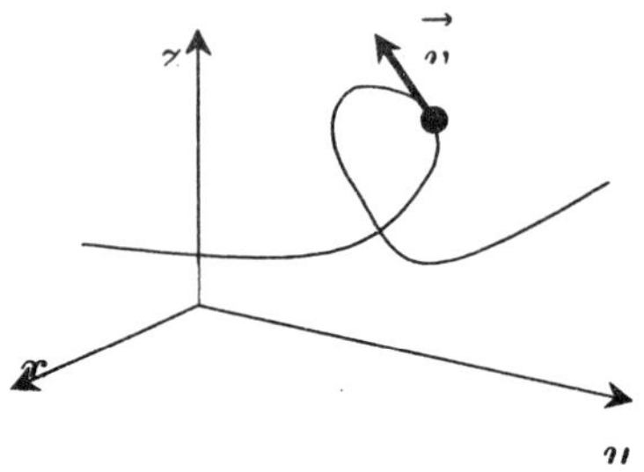

[그림4.2.3](1) 이차원 (2) 삼차원

만약에 주어진 시간 t에서 분자를 P점으로 나타낼 때 P에 하나의 벡터를 대응시킬 수 있는데, 그 중 하나가 **속도벡터**이다. 속도벡터는 분자운동의 방향을 가지고 있고, 분자운동의 속력은 벡터의 길이와 같다. 벡터를 서술하는 명백한 방법의 하나는 유향선분의 시점과 끝점의 좌표들을 벡터와 대응하여 주어지는 것이다. 일반적으로 유향선분이 시점 (x_0, y_0, z_0)와 끝점 (x_1, y_1, z_1)을 가지면 대응하는 벡터는 x축으로 $x_1 - x_0$, y축으로 $y_1 - y_0$, z축으로 $z_1 - z_0$ 만큼의 변화를 각각 세 순서쌍 $(x_1 - x_0\,,\ y_1 - y_0\,,\ z_1 - z_0)$로 묶어서 나타내고, 이 순서쌍을 벡터로 생각한다.

【정의】 4.2.2

(1) 평면상의 벡터는 두 개의 실수의 순서쌍 $\vec{a} = (a_1, a_2)$ 로 나타내고,

(2) 공간상의 **벡터**는 세 개의 실수의 순서쌍 $\vec{a} = (a_1, a_2, a_3)$ 으로 나타낸다.

이 때 실수 a_1, a_2, a_3 들을 벡터의 **성분**이라고 부른다.

시점이 $P=(x_0, y_0, z_0)$이고 끝점이 $Q=(x_1, y_1, z_1)$인 벡터에 대하여 벡터$\overrightarrow{PQ}$ 는 $\overrightarrow{PQ}=(x_1-x_0,\ y_1-y_0,\ z_1-z_0)$으로 나타낸다. 이 벡터의 표시는 $\overrightarrow{PQ}$와 $\overrightarrow{RS}$가 같은 순서쌍을 나타날 때는 $\overrightarrow{PQ}=\overrightarrow{RS}$로 표시한다.

【예제】 4.2.3

시점이 $P=(1,\ 2,\ 3)$이고 끝점이 $Q=(3,\ 4,\ 5)$인 벡터에 대하여 벡터$\overrightarrow{PQ}$ 를 구하라.

[풀이]

$\overrightarrow{PQ}=(3-1,\ 4-2,\ 5-3)=(2,\ 2,\ 1)$

【예제】 4.2.4

벡터 $P=(1,3,7)$, $Q=(-1,0,6)$, $R=(0,-1,-2)$, $S=(-2,-4,-3)$이라 할 때 $\overrightarrow{PQ}$와$\overrightarrow{RS}$는 같은 벡터임을 보여라.

[풀이]

P, Q, R, S의 성분을 정의에 적용하면

$\overrightarrow{PQ}=(-2,\ -3,\ -1)=\overrightarrow{RS}$ 이다.

각 벡터 $\vec{a}=(a_1,\ a_2,\ a_3)$ 는 임의의 시점 P를 가지는 유향선분으로 대응시킬 수 있다.

P가 원점이면 벡터 $\vec{a}=(a_1,\ a_2,\ a_3)$은 공간에서 점 (a_1, a_2, a_3)과 대응하고 (a_1, a_2, a_3)까지의 유향선분이 대응된다.

☞ 위치벡터

공간에서 임의의 점 $P(x_1, y_1, z_1)$에 대해서 시점을 원점 O으로 하고 끝점을 P로 하는 벡터 $\overrightarrow{OP}$를 **위치벡터**라 하고 $\overrightarrow{OP}=(x_1, y_1, z_1)$으로 나타낸다.

〖정의〗 4.2.5

(1) 평면상의 벡터 $\vec{a}=(a_1, a_2)$ 의 크기는

$$\|\vec{a}\| = \sqrt{a_1^2 + a_2^2}$$

이고,

(2) 공간상의 벡터 $\vec{a}=(a_1, a_2, a_3)$ 의 크기는

$$\|\vec{a}\| = \sqrt{a_1^2+a_2^2+a_3^2}$$ 이다.

【예제】 4.2.6

(1) 평면에서 벡터 $\vec{a}=(1, 2)$ 의 길이를 구하여라

(2) 공간에서 벡터 $\vec{a}=(1, 2, 3)$ 일 때 길이를 구하라

[풀이]

(1) 정의 4.2.1(1)에서 $\vec{a}=(1, 2)$일 때 $\|\vec{a}\| = \sqrt{1^2+2^2} = \sqrt{5}$ 이고

(2) 정의 4.2.1(2)에서 $\vec{a}=(1, 2, 3)$일 때
$\|\vec{a}\| = \sqrt{1^2+2^2+3^2} = \sqrt{14}$ 이다.

일반적으로 벡터 $\overrightarrow{PQ}$의 길이 $\|\overrightarrow{PQ}\|$는 점P와 점Q 사이의 거리 $|PQ|$와 같다.

☞ 단위벡터(unit vector)

크기가 1인 벡터를 **단위벡터**(unit vector)라 부르고, 일반적으로 $\vec{a} \neq O$ 이면, $\vec{a}$ 와 같은 방향을 가지는 단위벡터는

$$\vec{u} = \frac{1}{\| \vec{a} \|} \vec{a} = \frac{\vec{a}}{\| \vec{a} \|}$$ 이다.

【예제】 4.2.7

벡터 $\vec{a} = (1, 2, 3)$와 같은 방향을 갖는 단위벡터를 구하라.

[풀이]

주어진 벡터의 크기는 $\| \vec{a} \| = \sqrt{1^2 + 2^2 + 3^2} = \sqrt{14}$ 이므로

$\vec{a}$ 와 같은 방향을 가지는 단위벡터 $\vec{u} = \dfrac{(1, 2, 3)}{\sqrt{14}} = \dfrac{\vec{a}}{\sqrt{14}}$ 이다.

【유제】 4.2.8

벡터 $\vec{a} = (2, -3, 1)$와 같은 방향을 갖는 단위벡터를 구하라.

정답.

$$\vec{u} = \frac{(2, -3, 1)}{\sqrt{14}} = \frac{\vec{a}}{\sqrt{14}}$$

이제 공간에서의 특수한 단위벡터를 소개한다. ([그림4.2.4](2) 참조)

$$e_1 = (1, 0, 0), \ e_2 = (0, 1, 0), \ e_3 = (0, 0, 1)$$

이라 하면, 벡터의 크기의 정의로부터 $\| e_1 \| = \| e_2 \| = \| e_3 \| = 1$이므로 e_1, e_2, e_3는 단위벡터이고 양의 x축, y축, z축 방향을 각각 가리키

는 벡터이다. 마찬가지로 평면에서는 $e_1 = (1,0)$, $e_2 = (0,1)$ 로 정의한다. ([그림4.2.4] (1)참조)

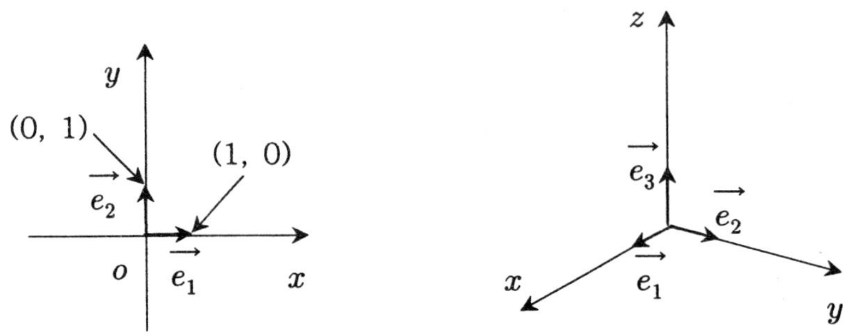

[그림4.2.4](1) (2)

(1) 공간상의 벡터 $\vec{a} = (a_1, a_2, a_3)$ 이면

$$\vec{a} = (a_1, a_2, a_3) = a_1(1,0,0) + a_2(0,1,0) + a_3(0,0,1)$$
$$= a_1 e_1 + a_2 e_2 + a_3 e_3$$

로 나타낼 수 있고,([그림4.2.5(1)]참조)

(2) 평면상의 벡터 $\vec{a} = (a_1, a_2)$ 이면

$$\vec{a} = (a_1, a_2) = a_1(1,0) + a_2(0,1)$$
$$= a_1 e_1 + a_2 e_2$$

로 나타낼 수 있다.([그림4.2.5(2)]참조)

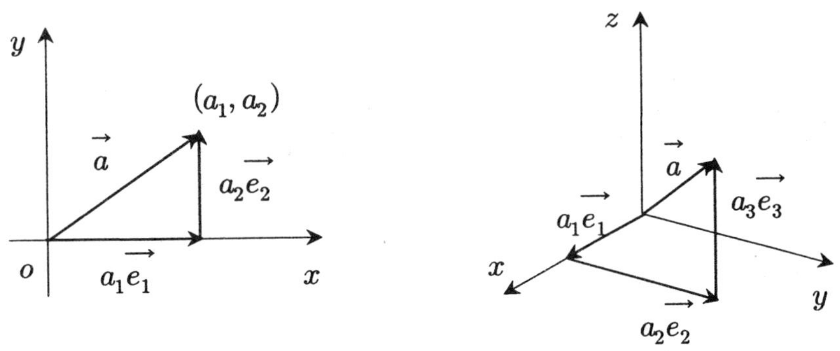

[그림4.2.5] (1) (2)

☞ 벡터의 연산

벡터 $\vec{a}$, $\vec{b}$의 연산 중에서 가장 기본이 되는 합(sum) "+" 와 벡터의 확대, 축소를 가능하게 하는 **스칼라곱**(scalar multiplication)을 다음과 같이 정의한다.

【정의】 4.2.9 두 벡터 $\vec{a}$, $\vec{b}$ 와 스칼라 k에 대하여

(1) 벡터 , $\vec{a}$, $\vec{b}$에서 $\vec{a}$의 끝점이 $\vec{b}$의 시작점과 일치하도록 벡터 $\vec{b}$를 평행이동하여 생긴 삼각형의 빗변을 $\vec{a}$ 와 $\vec{b}$의 합 이라 하고, $\vec{a}+\vec{b}$ 로 나타낸다.

(2) 벡터$\vec{a}$ 의 크기$\|\vec{a}\|$ 에 대하여 $\vec{a}$의 $|k|$ 배의 길이를 가지며 $k>0$이면 $\vec{a}$와 같은 방향을 갖고 $k<0$이면 $\vec{a}$와 반대방향이고 크기가 $|k|$배인 벡터를 $k\vec{a}$ 로 나타내고 벡터 $\vec{a}$와 실수 k의 스칼라곱 이라고 한다.

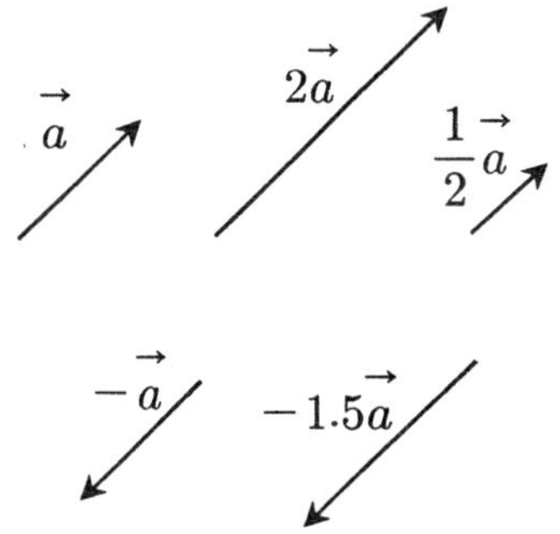

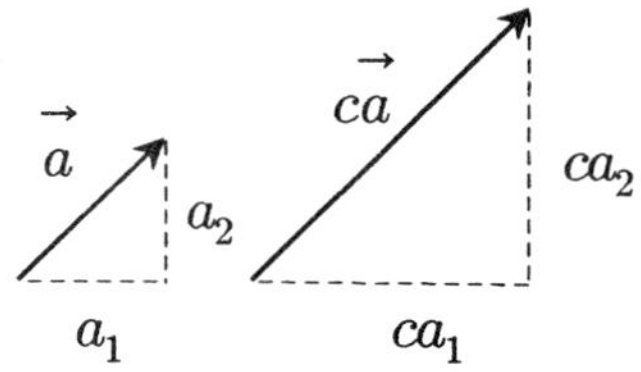

벡터합의 삼각형법칙　　　　　벡터합의 평행사변형법칙

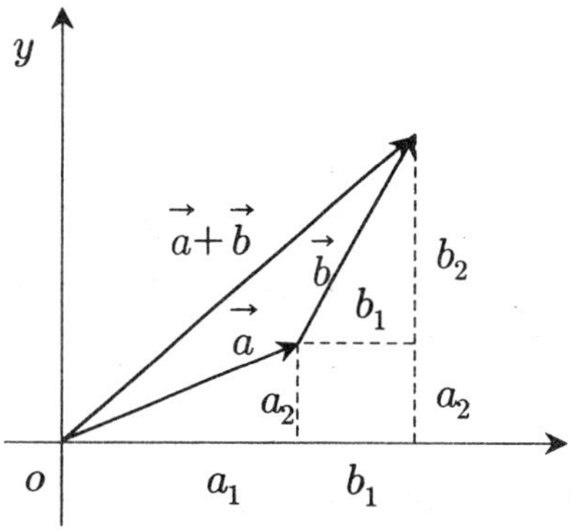

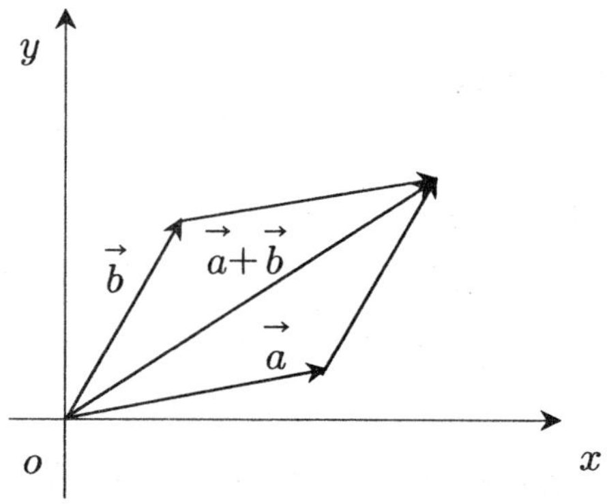

【정리】 4.2.10

벡터 $\vec{a}, \vec{b}, \vec{c}$와 영벡터 O에 대하여 다음 등식이 성립한다.

(1) $\vec{a}+\vec{b}=\vec{b}+\vec{a}$

(2) $(\vec{a}+\vec{b})+\vec{c}=\vec{a}+(\vec{b}+\vec{c})$

(3) $\vec{a}+O=O+\vec{a}$

(4) $\vec{a}+(-\vec{a})=(-\vec{a})+\vec{a}=O$

(5) $1\vec{a}=\vec{a}$

(6) $k(\vec{a}+\vec{b})=k\vec{a}+k\vec{b}$

(7) $(k+l)\vec{a}=k\vec{a}+l\vec{a}$

(8) $k(l\vec{a})=(kl)\vec{a}$

[증명] (1)과 (2)및 (6)은 정의에 의해서 기하학적으로 쉽게 확인된다.[그림4.2.6]참조

(3)영벡터 O은 길이가 0이고 방향은 생각하지 않아도 되므로 어떤 벡터 $\vec{a}$에 대해서도

$$\vec{a}+O=O+\vec{a}=\vec{a}$$

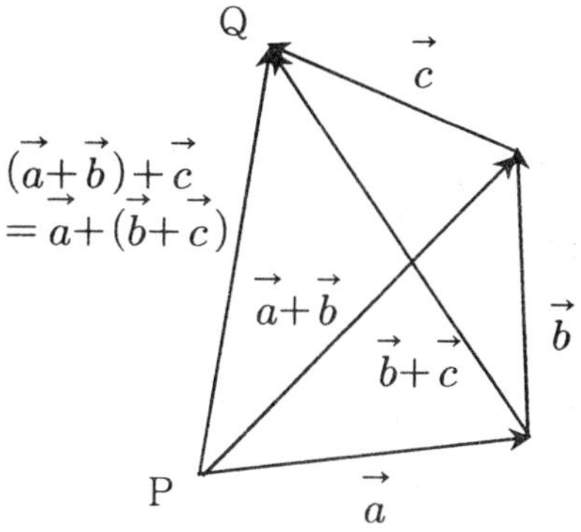

[그림4.2.6]

☞ 벡터 $\vec{a}$의 음벡터 $-\vec{a}$

벡터 $\vec{b}$를 벡터 $\vec{a}$와 크기가 같고 방향이 반대라고 하면 벡터의 합에 의하여 $\vec{a}+\vec{b}=O$ 이다. 이러한 벡터 $\vec{b}$를 $\vec{a}$의 **음벡터**라 하고 $-\vec{a}$로 나타낸다. 특히 영벡터 O의 음벡터$-O$ 는 O와 같다고 할 수 있다.

〖정리〗 4.2.11

공간에서 두 벡터 $\vec{a}=(a_1, a_2, a_3)$, $\vec{b}=(b_1, b_2, b_3)$ 와 스칼라 k가 주어질때 다음이 성립한다.

(1) 덧셈 : $\vec{a}+\vec{b}=(a_1+b_1,\ a_2+b_2,\ a_3+b_3)$

(2) 뺄셈 : $\vec{a}-\vec{b}=\vec{a}+(-\vec{b})=(a_1-b_1, a_2-b_2, a_3-b_3)$

(3) 스칼라배 : $k\vec{a}=(ka_1, ka_2, ka_3)$

(4) 상등 : $\vec{a}=\vec{b} \Leftrightarrow a_1=b_1,\ a_2=b_2,\ a_3=b_3$

【유제】 4.2.12

$\vec{a}=(1, -2, 3)$, $\vec{b}=(1, 4, 7)$ 일 때, 다음 벡터를 구한 후 e_1, e_2, e_3 에 의해 나타내어라.

(1) $2\vec{a}+5\vec{b}$ (2) $3\vec{a}-7\vec{b}$

4.2 연습문제

1. 공간에서 세벡터 $\vec{a}=(1, -1, 1)$, $\vec{b}=(3, -4, 5)$, $\vec{c}=(10, -5, 10)$ 에 대해서 다음을 계산하라.

   (1) $\vec{a} + \vec{b}$

   (2) $3\vec{a} - 2\vec{b} - \vec{c}$

   (3) $\|\vec{a}\| + \|\vec{b}\|$

   (4) $5\|\vec{a}\| - \frac{1}{5}\|\vec{c}\|$

2. 벡터 $\vec{a}=(3, -4, 5)$와 같은 방향을 갖는 단위벡터를 구하라.

3. 벡터 $\vec{a}=(10, -5, 10)$와 반대 방향에 놓이는 단위벡터를 구하라.

4. 벡터 $\vec{a}=(1, -1, 1)$와 같은 방향이고 크기는 4배인 벡터 $\vec{b}$를 구하라.

정답. 1. (1) $\vec{a}+\vec{b} = (4, -5, 6)$ (3) $\sqrt{3}+5\sqrt{2}$

2. $(\frac{3\sqrt{2}}{10}, \frac{-4\sqrt{2}}{10}, \frac{5\sqrt{2}}{10})$

4. $\vec{b} = \frac{4}{\sqrt{3}}(1, -1, 1)$

4.3 벡터의 내적

☞ 벡터의 내적

본절과 다음절에서는, 역학, 전기학과 자기학의 연구에서 시작이 되는 벡터 사이의 두 곱셈에 대하여 생각하여 본다. 이 곱 중에서 **첫째, 점곱**(dot product), **내적** 또는 **스칼라곱**이라고 알려진 곱은 스칼라를 준다. 두 벡터 $\vec{a}$와 $\vec{b}$의 내적은 $\vec{a} \cdot \vec{b}$ 로 표시한다.

【정의】 4.3.1 두벡터의 내적

두 벡터 $\vec{a}=(a_1, a_2, a_3)$ 와 $\vec{b}=(b_1, b_2, b_3)$ 의 내적은

[1] $\vec{a} \cdot \vec{b} = \|\vec{a}\| \, \|\vec{b}\| \cos\theta$

이다. 여기서, θ는 $0 \le \theta \le \pi$인두 벡터 $\vec{a}$와 $\vec{b}$ 의 사잇각이다.

[그림4.3.1] 는 세 경우로 각을 예시하고 있다.두 벡터 $\vec{a}$와 $\vec{b}$ 가 평행이 아니면, θ는 그들이 이루는 두 각 중에서 **작은 것**으로 정의한다.

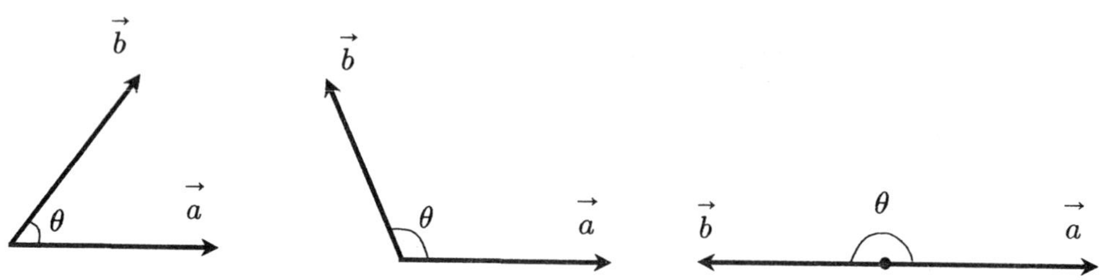

[그림4.3.1] (1) (2) (3)

【예제】 4.3.2

[1]로부터 $\| e_1 \| = \| e_2 \| = \| e_3 \| = 1$ 이고, 각 경우에

$\theta = \frac{\pi}{2}$ 이므로

[2] $e_1 \cdot e_1 = 1$, $e_2 \cdot e_2 = 1$, $e_3 \cdot e_3 = 1$ 을 얻는다.

☞ 내적의 성분 형식

내적은 두 벡터의 성분으로 표시할 수 있다.

θ가 두벡터 $\vec{a} = a_1 e_1 + a_2 e_2 + a_3 e_3$ 와 $\vec{b} = b_1 e_1 + b_2 e_2 + b_3 e_3$ 의 사잇각이라 하면,

벡터 $\vec{c} = \vec{a} - \vec{b} = (a_1 - b_1) e_1 + (a_2 - b_2) e_2 + (a_3 - b_3) e_3$

는 [그림4.3.2]에 제시한 삼각형의 제 3변이다.

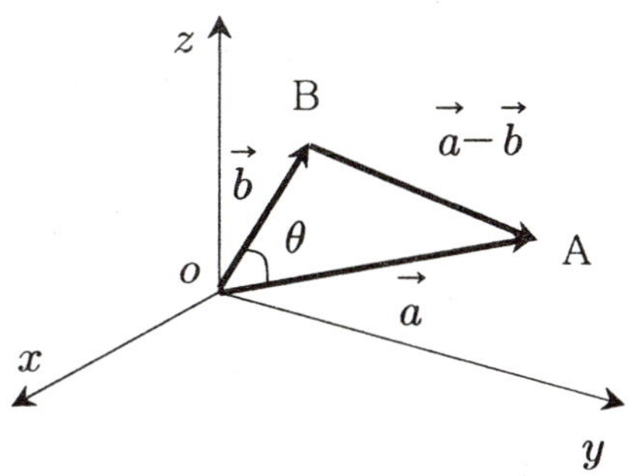

[그림4.3.2]

코사인 제2법칙에 의하여

$$[3] \quad \| \vec{c} \|^2 = \| \vec{a} - \vec{b} \|^2 = \| \vec{a} \|^2 + \| \vec{b} \|^2 - 2 \| \vec{a} \| \| \vec{b} \| \cos\theta \text{ 또는}$$

$$\| \vec{a} \| \| \vec{b} \| \cos\theta = \frac{1}{2}(\| \vec{a} \|^2 + \| \vec{b} \|^2 - \| \vec{c} \|^2)$$

$$\| a \|^2 = a_1^2 + a_2^2 + a_3^2$$

$$\| \vec{b} \|^2 = b_1^2 + b_2^2 + b_3^2 \ ,$$

$$\| \vec{a} - \vec{b} \|^2 = (a_1 - b_1)^2 + (a_2 - b_2)^2 + (a_3 - b_3)^2$$

을 이용하여 (3)의 두 번째 방정식의 우변을 $a_1b_1 + a_2b_2 + a_3b_3$로 간단히 할 수 있다. 이 방정식의 좌변은 내적의 정의이므로 내적의 다른형식

$$[4] \quad \vec{a} \cdot \vec{b} = a_1b_1 + a_2b_2 + a_3b_3$$

을 유도하였다. 다시 말하면, 두 벡터의 내적은 **대응하는 성분들의 곱의 합**이다.

【예제】 4.3.3

$\vec{a} = 10i + 2j - 6k$, $\vec{b} = -\frac{1}{2}i + 4j - 3k$라 할 때 내적을 구하여라.

[풀이]

식[4]로부터

$$\vec{a} \cdot \vec{b} = (10)\left(-\frac{1}{2}\right) + (2)(4) + (-6)(-3) = 21 \quad \text{이다.}$$

【정리】 4.3.4 내적은 다음과 같은 성질들을 갖는다.

(1) $\vec{a}=O$ 또는 $\vec{b}=O$ 이면 $\vec{a}\cdot\vec{b}=0$

(2) $\vec{a}\cdot\vec{b}=\vec{b}\cdot\vec{a}$ (교환법칙)

(3) $\vec{a}\cdot(\vec{b}+\vec{c})=\vec{a}\cdot\vec{b}+\vec{a}\cdot\vec{c}$ (결합법칙)

(4) $\vec{a}\cdot(k\vec{b})=(k\vec{b})\cdot\vec{b}=k(\vec{a}\cdot\vec{b})$, k 는 스칼라

(5) $\vec{a}\cdot\vec{a}\geq 0$

(6) $\vec{a}\cdot\vec{a}=\|\vec{a}\|^2$

[증명]

(3)을 제외한 이들 각 성질들은 (1)로부터 분명하다.

(6)은 벡터 $\vec{a}=a_1e_1+a_2e_2+a_3e_3$의 크기

$\|\vec{a}\|=\sqrt{\vec{a}\cdot\vec{a}}=\sqrt{a_1^2+a_2^2+a_3^2}$ 이므로 성립한다.

(4)를 이용하여 (3)을 증명할 수 있다.

$\vec{a}=a_1e_1+a_2e_2+a_3e_3$, $\vec{b}=b_1e_1+b_2e_2+b_3e_3$ 및

$\vec{c}=c_1e_1+c_2e_2+c_3e_3$라 하면, (4)로부터

$$\begin{aligned}\vec{a}\cdot(\vec{b}+\vec{c}) &= a_1(b_1+c_1)+a_2(b_2+c_2)+a_3(b_3+c_3)\\ &=(a_1b_1+a_2b_2+a_3b_3)+(a_1c_1+a_2c_2+a_3c_3)\\ &=\vec{a}\cdot\vec{b}+\vec{a}\cdot\vec{c}\end{aligned}$$

을 얻는다.

〚정리〛 4.3.5

$\vec{a}$ 와 $\vec{b}$ 를 평면및공간에서의 벡터이고, θ는 사이각일때, 다음이 성립한다.

(1) $\vec{a} \cdot \vec{b} > 0 \quad \Leftrightarrow \quad \theta$ 가 예각

(2) $\vec{a} \cdot \vec{b} < 0 \quad \Leftrightarrow \quad \theta$ 가 둔각

(3) $\vec{a} \cdot \vec{b} = 0 \;\Leftrightarrow\; \cos\theta = 0 \;\Leftrightarrow\; \theta = \frac{\pi}{2}$, 즉 $\theta = 90^\circ$,즉 θ는 직각

그림으로 나타내면 다음과 같다.

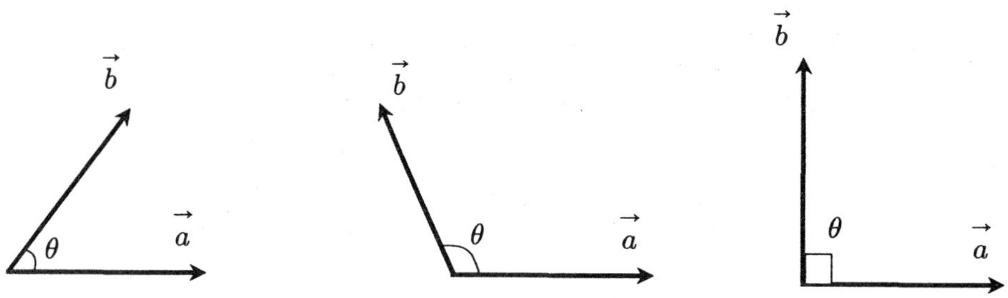

(1) (2) (3)

〚정리〛 4.3.6

직교벡터의 판정

영벡터가 아닌 두 벡터 $\vec{a}$와 $\vec{b}$가 수직이기 위한 필요충분조건은 $\vec{a} \cdot \vec{b} = 0$이다.

모든 $\vec{b}$에 대하여 $O \cdot \vec{b} = 0$이므로 영벡터는 모든 벡터에 직교한다

고 생각할 수 있다.

【예제】 4.3.7

두 벡터 $\vec{a}=(2,1)$, $\vec{b}=(-1,2)$ 가 서로 수직임을 보여라.

[풀이]

$\vec{a}\cdot\vec{b}=(2)(-1)+(1)(2)=0$ 이므로 $\vec{a}$ 와 $\vec{b}$ 는 수직이다.

【예제】 4.3.8

정리 3.3.5와 내적에 대한 교환법칙이 성립하는 사실로 부터, 다음이 성립한다.

[5] $e_1 \cdot e_2 = e_2 \cdot e_1 = 0$

$e_2 \cdot e_3 = e_3 \cdot e_2 = 0$

$e_3 \cdot e_1 = e_1 \cdot e_3 = 0$

【예제】 4.3.9

두 벡터 $\vec{a}=(-3,-1,4)$, $\vec{b}=(2,14,5)$ 가 서로 수직임을 보여라.

[풀이]

$\vec{a}\cdot\vec{b}=(-3)(2)+(-1)(14)+(4)(5)=0$ 이므로 수직이다.

☞ 두 벡터 사이의 각

내적의 두 형식[1]과 [4]를 같게 하면,

$$[6]\ \cos\theta = \frac{a_1b_1 + a_2b_2 + a_3b_3}{\|\vec{a}\|\ \|\vec{b}\|} = \frac{\vec{a} \cdot \vec{b}}{\|\vec{a}\|\ \|\vec{b}\|}$$

이 유도되므로 **두 벡터 사이의 각**이 정해진다.

【예제】 4.3.10

$\vec{a} = 2e_1 + 3e_2 + e_3$ 와 $\vec{b} = -e_1 + 5e_2 + e_3$ 사이의 각을 구하라.

[풀이]

$\|\vec{a}\| = \sqrt{14}$, $\|\vec{b}\| = \sqrt{27}$, $\vec{a} \cdot \vec{b} = 14$

따라서, 식[6] 으로부터

$\cos\theta = \dfrac{14}{\sqrt{14}\,\sqrt{27}} = \dfrac{\sqrt{42}}{9}$ 을 얻으므로,

$\theta = \cos^{-1}\left(\dfrac{\sqrt{42}}{9}\right) \approx 0.77\text{radian}$ 또는 $\theta \approx 44.9°$ 이다.

【유제】 4.3.11

$\vec{a} = 2e_1 - e_2 + e_3$ 와 $\vec{b} = e_1 + e_2 + 2e_3$ 사이의 각을 구하라.

정답. $\theta = \dfrac{\pi}{3}$

☞ 방향 코사인

공간에서 O이 아닌 벡터 $\vec{a} = a_1e_1 + a_2e_2 + a_3e_3$에 대하여 벡터 $\vec{a}$ 와 각 축의 단위벡터 e_1, e_2, e_3 와 이루는 각 α, β, γ 를 각각 $\vec{a}$ **의 방향각**이라 한다. [그림4.3.3]를 보라.

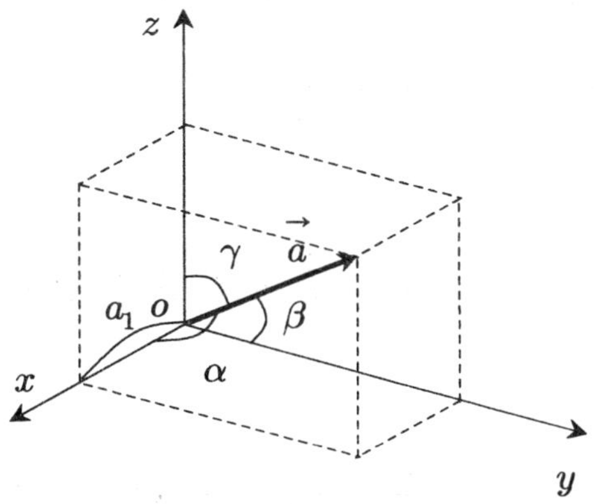

[그림4.3.3] 이제 식 [6]에 의하여

$$\cos\alpha = \frac{\vec{a} \cdot e_1}{\|\vec{a}\| \ \|e_1\|}, \quad \cos\beta = \frac{\vec{a} \cdot e_2}{\|\vec{a}\| \ \|e_2\|}, \quad \cos\gamma = \frac{\vec{a} \cdot e_3}{\|\vec{a}\| \ \|e_3\|} \text{ 이고,}$$

이것은

$$\cos\alpha = \frac{a_1}{\|\vec{a}\|}, \quad \cos\beta = \frac{a_2}{\|\vec{a}\|}, \quad \cos\gamma = \frac{a_3}{\|\vec{a}\|}$$

로 간단히 된다. $\cos\alpha$, $\cos\beta$, $\cos\gamma$를 벡터 $\vec{a}$ 의 **방향 코사인**이라 한다.

O이 아닌 벡터 $\vec{a}$의 방향 코사인은 단지 단위벡터 $(\frac{1}{\|\vec{a}\|})\vec{a}$, 즉

$$\begin{aligned} \frac{1}{\|\vec{a}\|}\vec{a} &= \frac{a_1}{\|\vec{a}\|}e_1 + \frac{a_2}{\|\vec{a}\|}e_2 + \frac{a_3}{\|\vec{a}\|}e_3 \\ &= (\cos\alpha)e_1 + (\cos\beta)e_2 + (\cos\gamma)e_3 \end{aligned}$$

의 성분들이다. $(\frac{1}{\|\vec{a}\|})\vec{a}$의 크기가 1이므로 마지막 방정식으로부터 $\cos^2\alpha+\cos^2\beta+\cos^2\gamma=1$ 이 유도된다.

【예제】 4.3.12

벡터 $\vec{a}=2e_1+5e_2+4e_3$의 방향 코사인과 방향각을 구하라.

[풀이]

$\|\vec{a}\|=\sqrt{2^2+5^2+4^2}=\sqrt{45}=3\sqrt{5}$ 로부터, 방향 코사인은

$$\cos\alpha=\frac{2}{3\sqrt{5}},\quad \cos\beta=\frac{5}{3\sqrt{5}},\quad \cos\gamma=\frac{4}{3\sqrt{5}}$$ 이다.

방향각은 아래와 같다.

$$\alpha=\cos^{-1}\left(\frac{2}{3\sqrt{5}}\right)\approx 1.27\ radian \text{ 또는 } \alpha\approx 72.7^\circ$$

$$\beta=\cos^{-1}\left(\frac{5}{3\sqrt{5}}\right)\approx 0.73\ radian \text{ 또는 } \beta\approx 41.8^\circ$$

$$\gamma=\cos^{-1}\left(\frac{4}{3\sqrt{5}}\right)\approx 0.93 radian \text{ 또는 } \gamma\approx 53.4^\circ$$

그리고 $\cos^2\alpha+\cos^2\beta+\cos^2\gamma=\frac{4}{45}+\frac{25}{45}+\frac{16}{45}=1$ 임을 알게 된다.

【유제】 4.3.13

벡터 $\vec{a}=e_1+e_2+e_3$의 방향 코사인과 방향각을 구하라.

정답.

$$\cos\alpha=\cos\beta=\cos\gamma=\frac{1}{\sqrt{3}}$$

$$\alpha=\beta=\gamma=\cos^{-1}(\frac{1}{\sqrt{3}})$$

☞ $\vec{a}$위에 있는 $\vec{b}$의 성분

분배법칙과 식[5]에 의하여 벡터 $\vec{a} = a_1e_1 + a_2e_2 + a_3e_3$의 성분을 내적을 이용하여 나타내면

[7] $a_1 = \vec{a} \cdot e_1 \quad a_2 = \vec{a} \cdot e_2 \quad a_3 = \vec{a} \cdot e_3$

이고 기호로는, $\vec{a}$의 성분을

[8] $comp_{e_1}\vec{a} = \vec{a} \cdot e_1 \quad , \quad comp_{e_2} = \vec{a} \cdot e_2 \quad , \quad comp_{e_3}\vec{a} = \vec{a} \cdot e_3$

로 나타낸다. 지금, [8]에 제시한 결과는 **임의의 벡터 $\vec{a}$위에 있는 $\vec{b}$의 성분**을 구하게 해준다는 것을 알 것이다. 또한[그림4.3.3] 에서

[9] $comp_{\vec{a}}\vec{b} = \|\vec{b}\|\cos\theta$ 임을 안다.

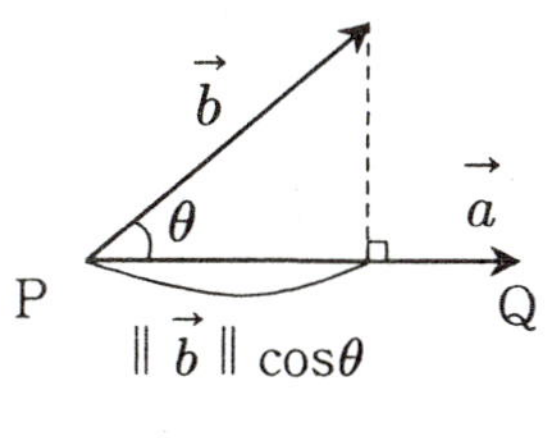

[그림4.3.3]

[그림4.3.3]에서, $\frac{\pi}{2} < \theta \leq \pi$이므로 $comp_{\vec{a}}\vec{b} < 0$이다. 이제 식[9]를

$$comp_{\vec{a}}\vec{b} = \frac{\|\vec{b}\|\ \|\vec{a}\|\cos\theta}{\|\vec{a}\|} = \frac{\vec{b} \cdot \vec{a}}{\|\vec{a}\|}$$

로 쓰면,

[10] $$comp_{\vec{a}}\vec{b} = \vec{b} \cdot \left(\frac{1}{\|\vec{a}\|}\vec{a}\right)$$

임을 알 수 있다.

다시 말하면, 벡터 $\vec{a}$위에서의 $\vec{b}$ 의 성분을 구하는 것은, $\vec{a}$방향에서의 단위벡터와$\vec{b}$ 와의 내적을 하는 것이다.

【예제】 4.3.14

$\vec{a} = 2e_1 + 3e_2 - 4e_3$, $\vec{b} = e_1 + e_2 + 2e_3$일 때,

(1) $comp_{\vec{a}}\vec{b}$ 와 (2) $comp_{\vec{b}}\vec{a}$ 를 구하라.

[풀이]

(1)먼저, $\vec{a}$의 방향에서의 단위벡터는

$$\|\vec{a}\| = \sqrt{29},\quad \frac{1}{\|\vec{a}\|}\vec{a} = \frac{1}{\sqrt{29}}(2e_1 + 3e_2 - 4e_3)$$ 이고

식[10]으로부터, 다음을 얻는다.

$$comp_{\vec{a}}\vec{b} = (e_1 + e_2 + 2e_3) \cdot \frac{1}{\sqrt{29}}(2e_1 + 3e_2 - 4e_3) = -\frac{3}{\sqrt{29}}$$ 이다.

(2) 식[10]을 수정하면, $comp_{\vec{b}}\vec{a} = \vec{a} \cdot \left(\frac{1}{\|\vec{b}\|}\vec{b}\right)$ 이 된다.

그러므로, $\|\vec{b}\| = \sqrt{6},\quad \frac{1}{\|\vec{b}\|}\vec{b} = \frac{1}{\sqrt{6}}(e_1 + e_2 + 2e_3)$ 이고

$$comp_{\vec{b}}\vec{a} = (2e_1 + 3e_2 - 4e_3) \cdot \frac{1}{\sqrt{6}}(e_1 + e_2 + 2e_3) = -\frac{3}{\sqrt{6}}$$ 이다.

☞ $\vec{a}$위로의 $\vec{b}$의 사영

[그림4.3.4(1)]에서 예시한 바와 같이, e_1, e_2, e_3 에 의하여 정해진 임의 방향으로부터의 벡터 $\vec{b}$의 **사영**(projection)은 단지 주어진 방향에서의 단위벡터와 그 주어진 방향에서의 $\vec{b}$의 성분을 곱하여 이루어진 벡터이다. 예를 들어,

$$proj_{e_1}\vec{b} = (comp_{e_1}\vec{b})e_1 = (\vec{b} \cdot e_1)e_1 = b_1e_1$$
$$proj_{e_2}\vec{b} = (comp_{e_2}\vec{b})e_2 = (\vec{b} \cdot e_2)e_2 = b_2e_2$$
$$proj_{e_3}\vec{b} = (comp_{e_3}\vec{b})e_3 = (\vec{b} \cdot e_3)e_3 = b_3e_3$$

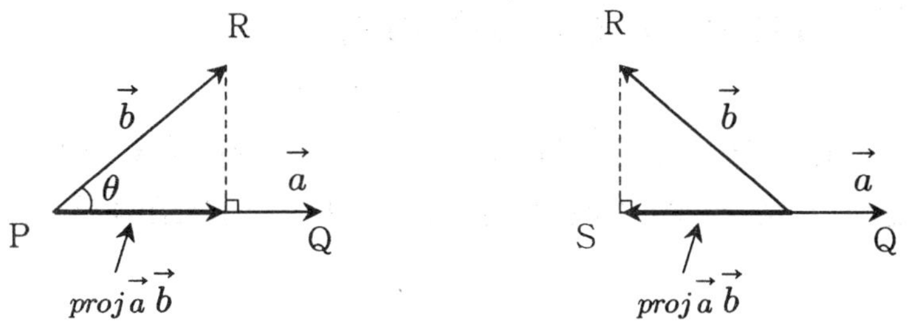

[그림4.3.4]

이다. ([그림4.3.4])은 , $\vec{a}$ **위로의** $\vec{b}$ **의 사영** ,즉

$$[11] \qquad proj_{\vec{a}}\vec{b} = (comp_{\vec{a}}\vec{b})\left(\frac{1}{\|\vec{a}\|}\vec{a}\right)$$

의 일반적인 경우를 보여 준다.

【예제】 4.3.15 $\vec{a} = 2e_1 + 3e_2$ 위로의 $\vec{b} = 4e_1 + e_2$의 사영을 구하여라.

[풀이] 먼저, $\vec{a}$와 $\vec{b}$의 성분을 구한다. $\| \vec{a} \| = \sqrt{13}$ 이므로, 식[10]에서

$$comp_{\vec{a}}\vec{b} = (4e_1 + e_2) \cdot \frac{1}{\sqrt{13}}(2e_1 + 3e_2) = \frac{11}{\sqrt{13}}$$ 이므로

식 [11]로부터,

$$proj_{\vec{a}}\vec{b} = \left(\frac{11}{\sqrt{13}}\right)\left(\frac{1}{\sqrt{13}}\right)(2e_1 + 3e_2) = \frac{22}{13}e_1 + \frac{33}{13}e_2$$ 을 얻는다.

☞ $\vec{a}^{\perp}$ ($\vec{v_2}$)위로의 $\vec{b}$ (u_2)의 사영

$\vec{a} \neq O$이면, 임의의 $\vec{b}$를 $\vec{a}$ 위로 동시에 크기가 $\| \vec{a} \|$이고 $\vec{a}$에 수직인 벡터 $\vec{a}^{\perp}$ 위로도, 사영시킬 수 있다. [그림4.3.5]에서, $\vec{b}$ 는

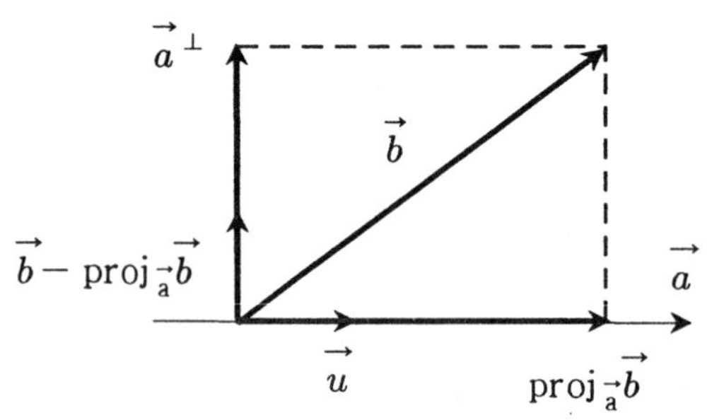

[그림4.3.5]

두 사영의 합으로 다음과 같이 나타낸다.

[12] $$proj_{\vec{a}}\vec{b} + proj_{\vec{a}^{\perp}}\vec{b} = \vec{b}$$

식[12]를 이용하면, $\vec{a}^{\perp}$ 위로의 $\vec{b}$ 의 사영은 아래와 같이 정의할 수 있다.

[13] $$proj_{\vec{a}^{\perp}}\vec{b} = \vec{b} - proj_{\vec{a}}\vec{b}$$

【예제】 4.3.16

$\vec{a} = 2e_1 + e_2 + 2e_3$, $\vec{b} = 3e_1 - e_2 + 5e_3$라 하자.

(1) $proj_{\vec{a}}\vec{b}$ 와 (2) $proj_{\vec{a}^{\perp}}\vec{b}$ 를 구하라.

[풀이]

$\|\vec{a}\| = 3$이므로,

$comp_{\vec{a}}\vec{b} = (3e_1 - e_2 + 5e_3) \cdot \frac{1}{3}(2e_1 + e_2 + 2e_3) = \frac{15}{3} = 5$ 를 얻는다.

(1) $proj_{\vec{a}}\vec{b} = (5)\left(\frac{1}{3}\right)(2e_1 + e_2 + 2e_3) = \frac{10}{3}e_1 + \frac{5}{3}e_2 + \frac{10}{3}e_3$

(2) $$\begin{aligned} proj_{\vec{a}^{\perp}}\vec{b} &= \vec{b} - proj_{\vec{a}}\vec{b} \\ &= (3e_1 - e_2 + 5e_3) - \left(\frac{10}{3}e_1 + \frac{5}{3}e_2 + \frac{10}{3}e_3\right) = -\frac{1}{3}e_1 - \frac{8}{3}e_2 + \frac{5}{3}e_3 \end{aligned}$$

【유제】 4.3.17

$\vec{a} = e_1 - e_2 + e_3$, $\vec{b} = -e_1 - e_2 - e_3$라 하자.

(1)$proj_{\vec{a}}\vec{b}$와　　(2)$proj_{\vec{a^{\perp}}}\vec{b}$를 구하여라.

정답.

(1)$proj_{\vec{a}}\vec{b} = (\frac{1}{3}, \frac{1}{3}, \frac{1}{3})$　(2)$proj_{\vec{a^{\perp}}}\vec{b} = (\frac{2}{3}, \frac{-4}{3}, \frac{2}{3})$

☞ 내적의 물리적 해석

크기가 일정한 힘 F가 한 물체를 이 힘과 같은 방향으로 거리 d 만큼 움직일 때, 행한 일은 간단히

[14]　$W = Fd$

이다. 그러나, 물체에 적용한 일정한 힘 F가 운동 방향에 대하여 각 θ로 작용한다면, F가 한 일은 변위 방향으로의 F의 성분과 물체가 움직인 거리 d와의 곱으로 다음과 같이 정의한다.

$$W = (\| F \| \cos\theta) \| d \| = \| F \| \; \| d \| \cos\theta$$

정의 3.3.1에서 F가 물체의 변위 d를 일으키게 하면, F가 행한 일은

[15]　$W = F \cdot d$

이 되고, 만일 $\theta = 0$이면 식[15]는 [14]가 된다.

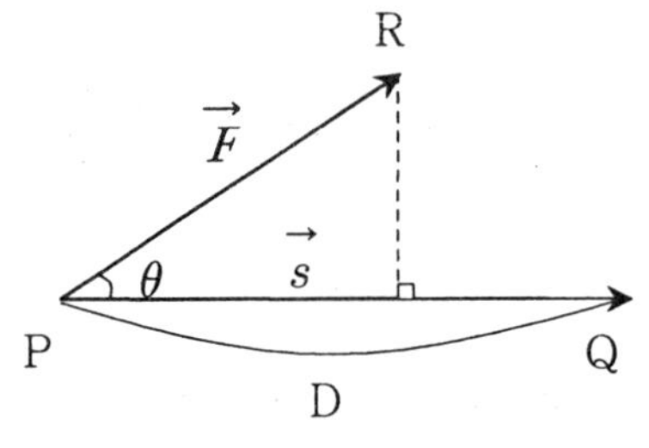

[그림4.3.6]

4.3 연습문제

1. 두 벡터 $\vec{a}$와 $\vec{b}$크기가 $\|\vec{a}\|=8$, $\|\vec{b}\|=3$ 이고 두 벡터의 사이각이 $\frac{\pi}{3}$ 일 때 $\vec{a}\cdot\vec{b}$ 를 구하라.

2. 세 벡터 $\vec{a}=(2,-3,4)$, $\vec{b}=(-1,2,5)$, $\vec{c}=(3,6,-1)$ 에서 다음을 셈하라.

   (1) $\|\vec{a}\|^2$　　(2) $\vec{a}\cdot\vec{a}$　　(3) $(\vec{a}-\vec{b})\cdot(\vec{a}+2\vec{c})$

3. $\vec{a}=(2,k,-3)$, $\vec{b}=(2,-1,5)$ 가 서로 수직이 되도록 하는 상수 k를 찾아라.

4. $\vec{a}=(2,-6,-3)$, $\vec{b}=(4,3,-1)$ 모두에 수직이 되는 단위벡터를 찾아라.

5. $\vec{a}=(2,-3,-1)$, $\vec{b}=(1,2,3)$ 가 이루는 사잇각을 구하라.

6. 벡터 $\vec{a}=e_1+2e_2+3e_3$의 방향 코사인과 방향각을 구하라.

7. $\vec{a}=-e_1-2e_2+7e_3$, $\vec{b}=6e_1-3e_2-2e_3$라 하자.

   (1)$proj_{\vec{a}}\vec{b}$와　(2)$proj_{\vec{a}^{\perp}}\vec{b}$를 구하여라.

정답.

1. 12　　2. (1) 29 (2)29 (3) -23　　3. -11

4. $\pm(\frac{3}{7}, \frac{-2}{7}, \frac{6}{7})$　　5. $\theta=\frac{2\pi}{3}$

4.4 벡터의 외적

수 또는 스칼라인 내적에 반하여, **벡터의 외적** 또는 **벡터곱** (cross product)이라 부르는, 특별한 곱은 벡터이다.

☞ 두 벡터의 외적

〖정의〗 4.4.1

공간에서 두 벡터 $\vec{a}=(a_1, a_2, a_3)$, $\vec{b}=(b_1, b_2, b_3)$가 주어졌을 때, 두 벡터의 외적은 다음과 같이 정의 한다.

$$\vec{a}\times\vec{b} = (a_2b_3 - a_3b_2,\ a_3b_1 - a_1b_3,\ a_1b_2 - a_2b_1)$$

이것을 행렬식으로 다시 나타내면,

$$\vec{a}\times\vec{b} = \begin{vmatrix} e_1 & e_2 & e_3 \\ a_1 & a_2 & a_3 \\ b_1 & b_2 & b_3 \end{vmatrix}$$ 이다.

【예제】 4.4.2

$\vec{a} = (3, -1, 4)$, $\vec{b} = (2, 1, 5)$ 일 때 두 벡터의 외적 $\vec{a}\times\vec{b}$ 을 구하라.

[풀이]

$$\vec{a}\times\vec{b} = \begin{vmatrix} e_1 & e_2 & e_3 \\ 3 & -1 & 4 \\ 2 & 1 & 5 \end{vmatrix}$$

$$= \begin{vmatrix} -1 & 4 \\ 1 & 5 \end{vmatrix} e_1 - \begin{vmatrix} 3 & 4 \\ 2 & 5 \end{vmatrix} e_2 + \begin{vmatrix} 3 & -1 \\ 2 & 1 \end{vmatrix} e_3$$

$$= -9e_1 - 7e_2 + 5e_3$$

이다.

【예제】 4.4.3

$\vec{a}=4e_1-2e_2+5e_3$, $\vec{b}=3e_1+e_2-e_3$라 할 때, $\vec{a}\times\vec{b}$를 구하라.

[풀이]

$$\vec{a}\times\vec{b}=\begin{vmatrix} e_1 & e_2 & e_3 \\ 4 & -2 & 5 \\ 3 & 1 & -1 \end{vmatrix}=\begin{vmatrix} -2 & 5 \\ 1 & -1 \end{vmatrix}e_1-\begin{vmatrix} 4 & 5 \\ 3 & -1 \end{vmatrix}e_2+\begin{vmatrix} 4 & -2 \\ 3 & 1 \end{vmatrix}e_3$$

$$=-3e_1+19e_2+10e_3$$

【유제】 4.4.4

$\vec{a}=e_1+3e_2+4e_3$, $\vec{b}=2e_1+7e_2-5e_3$라 할 때, $\vec{a}\times\vec{b}$를 구하라.

정답.

$-43e_1+13e_2+e_3$

【정리】 4.4.5

공간에서 $\vec{a},\vec{b},\vec{c}$ 및 스칼라 k 가 주어졌을 때 벡터의 외적은 다음 **성질**들을 갖는다.

(1) $\vec{a}=O$또는 $\vec{b}=O$ 이면 $\vec{a}\times\vec{b}=O$

(2) $\vec{a}\times\vec{b}=-\vec{b}\times\vec{a}$

(3) $\vec{a}\times(\vec{b}+\vec{c})=(\vec{a}\times\vec{b})+(\vec{a}\times\vec{c})$ (분배법칙)

(4) $(\vec{a}+\vec{b})\times\vec{c}=(\vec{a}\times\vec{c})+(\vec{b}\times\vec{c})$

(5) $\vec{a}\times(k\vec{b})=(k\vec{a})\times\vec{b}=k(\vec{a}\times\vec{b})$, k 는 스칼라

(6) $\vec{a}\times\vec{a}=O$

(7) $\vec{a}\cdot(\vec{a}\times\vec{b})=0$

(8) $\vec{b}\cdot(\vec{a}\times\vec{b})=0$

[증명]

성질 (6)은 $\theta=0$이기 때문에 성질 (1)로부터 나오며 성질(7)과 (8)은 단지 $\vec{a}\times\vec{b}$가 $\vec{a}$와 $\vec{b}$를 포함하는 평면에 수직이라는 사실을 언급한 것이다. 0이 아닌 평행인 두 벡터의 사잇각이 $\theta=0$ 또는 $\theta=\pi$일 때는, $\sin\theta=0$이므로 $\vec{a}\times\vec{b}=O$임에 틀림이 없다. 이것으로 다음 정리를 얻게 된다.

【정리】 4.4.6

평행벡터에 대한 판정

O이 아닌 $\vec{a}$와 $\vec{b}$ 가 **평행**이 되기 위한 필요충분조건은 $\vec{a}\times\vec{b}=O$ 이다.

【예제】 4.4.7

$e_1\times e_1=O$, $e_2\times e_2=O$, $e_3\times e_3=O$ 이다.

[풀이]

정리 3.4.5 의 성질 (6) 으로부터 명백하다.

【예제】 4.4.8

$\vec{a}=2e_1+e_2-e_3$, $\vec{b}=-6e_1-3e_2+3e_3=-3\vec{a}$이면, $\vec{a}$와 $\vec{b}$는 평행이다.

[풀이]

정리 3.4.5 의 성질 (1) 으로부터 $\vec{a}\times\vec{b}=O$이다.

이 결과는 또한 성질 (5)과 (6)을 결합시킴으로써 나온다.

【유제】 4.4.9

O이 아닌 $\vec{a}$와 $\vec{b}$ 에 대하여 다음이 성립함을 보여라.

$$\|\vec{a}\times\vec{b}\|^2 = \|\vec{a}\|^2\|\vec{b}\|^2 - (\vec{a}\cdot\vec{b})^2 \quad (\text{ Lagrange 공식})$$

☞ 벡터의 외적에 대한 이론적 근거

R^3의 $\vec{a}$와 $\vec{b}$의 벡터의 외적은 $\vec{a}\times\vec{b}=(\|\vec{a}\|\,\|\vec{b}\|\sin\theta)\vec{n}$ 인 벡터이다. 여기서, θ는 $0\le\theta\le\pi$인 벡터의 사잇각이고, $\vec{n}$은 오른손 법칙에 의해 주어진 방향을 갖고 $\vec{a}$와 $\vec{b}$ 를 가진, 평면에 수직인 단위벡터이다.[그림4.4.1]에서 보인 바와 같이, 오른손의 손가락들이 $\vec{a}$를 따라 향한 다음 $\vec{b}$ 쪽으로 감아 쥘 때, 엄지는 $\vec{n}$의 방향, 따라서 $\vec{a}\times\vec{b}$의 방향을 향한다.

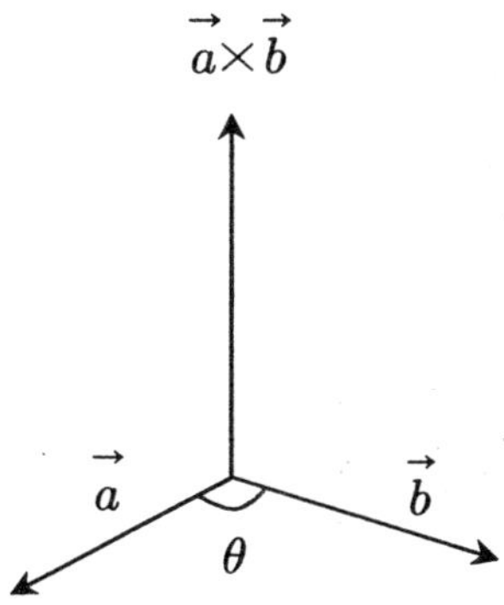

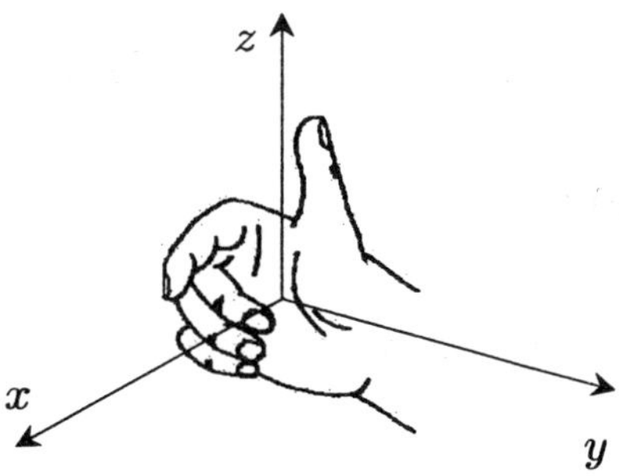

[그림4.4.1]

외적의 정의로부터 다음 결과들은 쉽게 얻어진다.

(1) $e_1 \times e_2 = \begin{vmatrix} e_1 & e_2 & e_3 \\ 1 & 0 & 0 \\ 0 & 1 & 0 \end{vmatrix} = \begin{vmatrix} 0 & 0 \\ 1 & 0 \end{vmatrix} e_1 - \begin{vmatrix} 1 & 0 \\ 0 & 0 \end{vmatrix} e_2 + \begin{vmatrix} 1 & 0 \\ 0 & 1 \end{vmatrix} e_3 = e_3$

(2) $e_2 \times e_3 = \begin{vmatrix} e_1 & e_2 & e_3 \\ 0 & 1 & 0 \\ 0 & 0 & 1 \end{vmatrix} = \begin{vmatrix} 1 & 0 \\ 0 & 1 \end{vmatrix} e_1 - \begin{vmatrix} 0 & 0 \\ 0 & 1 \end{vmatrix} e_2 + \begin{vmatrix} 0 & 1 \\ 0 & 0 \end{vmatrix} e_3 = e_1$

(3) $e_3 \times e_1 = \begin{vmatrix} e_1 & e_2 & e_3 \\ 0 & 0 & 1 \\ 1 & 0 & 0 \end{vmatrix} = \begin{vmatrix} 0 & 1 \\ 0 & 0 \end{vmatrix} e_1 - \begin{vmatrix} 0 & 1 \\ 1 & 0 \end{vmatrix} e_2 + \begin{vmatrix} 0 & 0 \\ 1 & 0 \end{vmatrix} e_3 = e_2$

☞ 특수한 곱

【예제】 4.4.10

$\vec{a}, \vec{b}$와 $\vec{c}$의 **스칼라 3중적**(triple scalar product) $\vec{a} \cdot (\vec{b} \times \vec{c})$ 은 다음과 같이 계산됨을 보여라.

$$\vec{a} \cdot (\vec{b} \times \vec{c}) = \begin{vmatrix} a_1 & a_2 & a_3 \\ b_1 & b_2 & b_2 \\ c_1 & c_2 & c_3 \end{vmatrix}$$

[풀이]

$$\vec{a} \cdot (\vec{b} \times \vec{c}) = (a_1e_1 + a_2e_2 + a_3e_3) \cdot \begin{vmatrix} e_1 & e_2 & e_3 \\ b_1 & b_2 & b_3 \\ c_1 & c_2 & c_3 \end{vmatrix}$$

$$= (a_1,\ a_2,\ a_3) \cdot \left(\begin{vmatrix} b_2 & b_3 \\ c_2 & c_3 \end{vmatrix}, -\begin{vmatrix} b_1 & b_3 \\ c_1 & c_3 \end{vmatrix}, \begin{vmatrix} b_1 & b_2 \\ c_1 & c_2 \end{vmatrix} \right)$$

$$= a_1 \begin{vmatrix} b_2 & b_3 \\ c_2 & c_3 \end{vmatrix} - a_2 \begin{vmatrix} b_1 & b_3 \\ c_1 & c_3 \end{vmatrix} + a_3 \begin{vmatrix} b_1 & b_2 \\ c_1 & c_2 \end{vmatrix}$$

이므로, 다음 식을 얻는다.

$$\vec{a} \cdot (\vec{b} \times \vec{c}) = \begin{vmatrix} a_1 & a_2 & a_3 \\ b_1 & b_2 & b_2 \\ c_1 & c_2 & c_3 \end{vmatrix}$$

한편, 행렬식의 성질로부터 $\vec{a} \cdot (\vec{b} \times \vec{c}) = \vec{b} \cdot (\vec{c} \times \vec{a}) = (\vec{a} \times \vec{b}) \cdot \vec{c}$ 이다.

【유제】 4.4.11

$\vec{a}, \vec{b}$와 $\vec{c}$의 **3중벡터외적** $\vec{a} \times (\vec{b} \times \vec{c})$ 은 다음이 성립함을 보여라.

$$\vec{a} \times (\vec{b} \times \vec{c}) = (\vec{a} \cdot \vec{c})\vec{b} - (\vec{a} \cdot \vec{b})\vec{c} \qquad [10]$$

☞ 넓이와 부피

☞ 평행사변형의 넓이

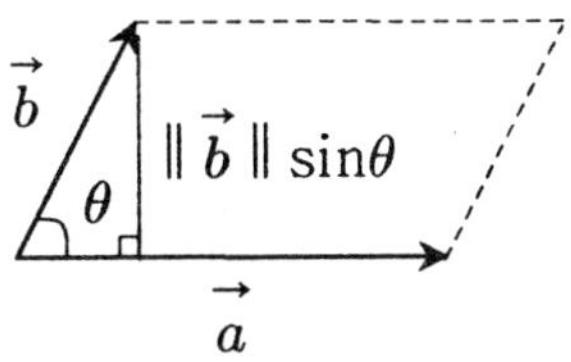

[그림 4.4.2]

0이 아니고 평행하지 않는 $\vec{a}$와 $\vec{b}$는 평행사변형의 변들이라고 생각할 수 있다. **평행사변형의 넓이** A=(밑변)(높이) 이다.

[그림4.4.2] 에서

$$A = \|\vec{b}\|(\|\vec{a}\|\sin\theta) = \|\vec{a}\|\,\|\vec{b}\|\sin\theta \ \text{또는}\ A = \|\vec{a} \times \vec{b}\| \qquad [11]$$

이다. 따라서 변 $\vec{a}$와 $\vec{b}$를 갖는 **삼각형의 넓이는**

$$A=\frac{1}{2}\|\vec{a}\times\vec{b}\| \qquad [12]$$

이다.

☞ 평행육면체의 부피

마찬가지로, $\vec{a}, \vec{b}$와 $\vec{c}$가 같은 평면에 있지 않으면, [그림4.4.3] 에서 보인 것처럼 $\vec{a}, \vec{b}$와 $\vec{c}$를 모서리로 갖는 **평행육면체의 부피**는

$$\begin{aligned} V &= (\text{밑넓이})(\text{높이}) \\ &= \|\vec{b}\times\vec{c}\|\,\left|comp_{\vec{b}\times\vec{c}}\vec{a}\right| \\ &= \|\vec{b}\times\vec{c}\|\,\left|\vec{a}\cdot\left(\frac{1}{\|\vec{b}\times\vec{c}\|}\vec{b}\times\vec{c}\right)\right| \end{aligned}$$

또는 $V=|\vec{a}\cdot(\vec{b}\times\vec{c})|$ [13]

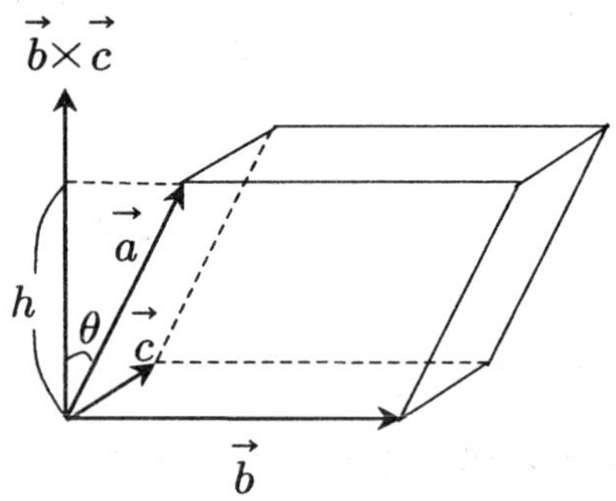

[그림4.4.3]

이다. 마지막 결과 때문에, 스칼라 3중적은 때때로 세 벡터 $\vec{a}, \vec{b}$와 $\vec{c}$

의 **상자곱**이라도 한다.

【예제】 4.4.12

점 $P_1(1,1,1)$, $P_2(2,3,4)$과 $P_3(3,0,-1)$에 의하여 결정되는 삼각형의 면적을 구하라.

[풀이]

벡터 $\overrightarrow{P_1P_2}$와 $\overrightarrow{P_2P_3}$는 삼각형의 두 변으로 취급할 수 있다.

$$\overrightarrow{P_1P_2} = e_1 + 2e_2 + 3e_3, \qquad \overrightarrow{P_2P_3} = e_1 - 3e_2 - 5e_3$$

이므로

$$\overrightarrow{P_1P_2} \times \overrightarrow{P_2P_3} = \begin{vmatrix} e_1 & e_2 & e_3 \\ 1 & 2 & 3 \\ 1 & -3 & -5 \end{vmatrix} = \begin{vmatrix} 2 & 3 \\ -3 & -5 \end{vmatrix} e_1 - \begin{vmatrix} 1 & 3 \\ 1 & -5 \end{vmatrix} e_2 + \begin{vmatrix} 1 & 2 \\ 1 & -3 \end{vmatrix} e_3$$

$$= -e_1 + 8e_2 - 5e_3$$

(12)로부터 면적은

$$A = \frac{1}{2} \| -e_1 + 8e_2 - 5e_3 \| = \frac{3}{2}\sqrt{10}$$

【예제】 4.4.13

공간에서 세 위치벡터 $\vec{a} = (3, 2, 2)$, $\vec{b} = (2, -1, 3)$, $\vec{c} = (-1, 0, 1)$ 로 만들어지는 평행 사면체의 체적을 구하라.

[풀이]

$\vec{a} \cdot (\vec{b} \times \vec{c}) = \begin{vmatrix} 3 & 2 & 2 \\ 2 & -1 & 3 \\ -1 & 0 & 1 \end{vmatrix} = -15$ 이므로 사면체의 부피 $V = \dfrac{15}{6}$ 이다.

【유제】 4.4.14

공간에서 세 위치벡터 $\vec{a} = (1, 1, 0)$, $\vec{b} = (1, 1, 1)$, $\vec{c} = (-1, 1, 0)$ 로 만들어지는 평행 육면체의 체적을 구하라.

정답. 2

4.4 연습문제

1. 공간에서 두 위치벡터 $\vec{a}=(3,\ 2,\ -1)$, $\vec{b}=(2,\ -1,\ 3)$ 에 대해서 $\vec{a}\times\vec{b}$ 와 $\vec{b}\times\vec{a}$ 를 구하라.

2. 공간에서 두 위치벡터 $\vec{a}=(3,\ 2,\ -1)$, $\vec{b}=(2,\ -1,\ 3)$ 모두에 수직인 단위벡터를 구하라.

3. 공간에서 두 위치벡터 $\vec{a}=(3,\ 2,\ -1)$, $\vec{b}=(2,\ -1,\ 3)$ 에 대해서 $\vec{a}, \vec{b}$ 를 포함하는 평행사변형의 면적을 구하라.

4. 공간에서 다음 세점에 의해서 만들어지는 삼각형의 면적을 구하라.

$$P(-1,-1,1), \quad Q(2,3,-4), \quad R(5,\ 0,\ -3)$$

5. 공간에서 세 위치벡터 $\vec{a}=(4,\ 6,\ 2)$, $\vec{b}=(3,\ 3,\ -6)$, $\vec{c}=(1,\ 0,\ 2)$ 로 만들어지는 평행 육면체의 체적을 구하라.

정답.

1. $\vec{a}\times\vec{b}=(5,\ -11,\ -7)$, $\vec{b}\times\vec{a}=(-5,11,7)$

6. 54

4.5 3-공간에서의 직선과 평면

☞ 직선의 식

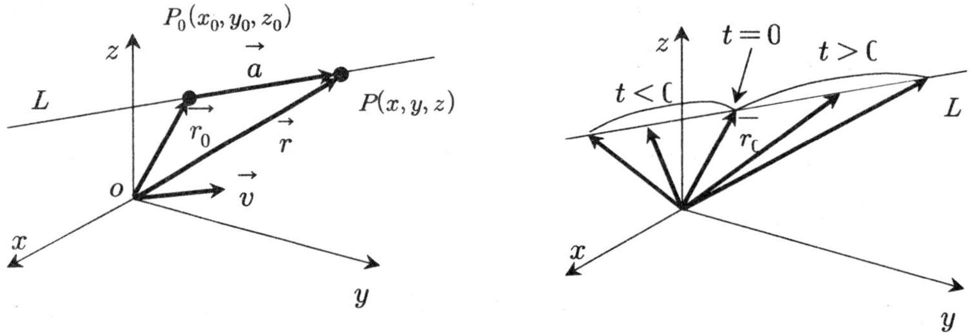

[그림4.5.1]

xy 평면의 직선은 직선위의 한 점과 직선의 방향(직선의 기울기)이 주어지면 결정된다. 이 경우 직선의 식은 점-기울기 형을 사용하여 나타낸다.

마찬가지로, 삼차원공간의 직선 l 은 l 위의 한 점 $P_0(x_0, y_0, z_0)$ 와 직선 l의 방향을 알 때 결정된다. 공간에서 직선의 방향은 벡터에 의하여 편리하게 기술되므로 $\vec{a}=(a,\ b,\ c)$ 를 l과 평행인 벡터라 하자. $P(x,y,z)$를 l위의 임의의 점이라 하고, $\vec{r_0}=(x_0, y_0, z_0)$ 와 $\vec{r}=(x,y,z)$을 P_0와 P의 위치벡터라 하자. [그림4.5.1]에서와 같이 $\vec{v}=\overrightarrow{P_0P}$ 라 하면벡터의 합에 관한 삼각형법칙에 의해 $\vec{r}=\vec{r_0}+\vec{v}$ 를 얻는다. 그런데 $\vec{a}$와 $\vec{v}$ 평행하고 $\vec{a}=t\vec{v}$ 인 t가 존재하므로 $P_0(x_0, y_0, z_0)$를 지나고 벡터 $\vec{a}=(a,\ b,\ c)$ 에 평행인 직선 l의 **벡터방정식**은

[1] $$\vec{r} = \vec{r_0} + t\vec{a}$$

으로 나타내어진다.

또한 **매개변수** t의 각 값은 직선 l 위의 점의 위치를 정해주고 l의 방향을 정해주는 벡터는 $t\vec{a} = (ta, tb, tc)$ 가 되므로 벡터방정식에 대입하여 성분으로 나타내면

$$(x, y, z) = (x_0 + ta,\ y_0 + tb,\ z_0 + tc)$$

가 되고 두 벡터의 상등에 의하여

[2] $$x = x_0 + ta, \quad y = y_0 + tb, \quad z = z_0 + tc$$

을 얻게 되고 이들방정식을 점 $P_0(x_0, y_0, z_0)$를 지나고 벡터 $\vec{a} = (a, b, c)$에 평행인 직선 l의 **매개방정식**(parametric equation)이라고 한다.

일반적으로, 벡터 $\vec{a} = (a, b, c)$가 직선 l의 방향을 기술하는 데 이용될 때, 수 a, b, c 를 l의 **방향수**(direction number)라 한다. $\vec{a}$와 평행인 벡터는 어느 것이나 이용될 수 있으므로 a, b, c와 비례하는 세 수들은 모두 l의 방향수가 될 수 있다.

방정식 [2]에서 a, b, c가 모두 0이 아니면 매개변수 t에 관하여 풀면 다음과 같은 방정식

[3] $$\frac{x - x_0}{a} = \frac{y - y_0}{b} = \frac{z - z_0}{c}$$

을 얻게 되는데, 이 방정식을 직선 l의 **대칭방정식**(symmetric equation)이라 한다.

방정식 [2]에서 a, b, c 중의 어느하나가 0 인 경우에도 t는 소거된다.

(1) $a=0$ 일 때 직선 l의 방정식은 $x=x_0$, $\dfrac{y-y_0}{b}=\dfrac{z-z_0}{c}$

(2) $b=0$ 일 때 직선 l의 방정식은 $y=y_0$, $\dfrac{x-x_0}{a}=\dfrac{z-z_0}{c}$

(3) $c=0$ 일 때 직선 l의 방정식은 $z=z_0$, $\dfrac{x-x_0}{a}=\dfrac{y-y_0}{b}$

을 얻게 되는데 위에서 각각의 식 (1), (2), (3)은 수직평면 $x=x_0$, $y=y_0$, $z=z_0$ 위에 놓여 있음을 의미한다.

【예제】 4.5.1

벡터 $\vec{a}=(1, 2, 3)$ 에 평행하고 점 $(5, 1, 3)$ 을 지나는 직선에 대하여

(1)벡터방정식
(2)매개변수방정식
(3)대칭방정식을 구하라.

[풀이]

(1) 벡터방정식

$$r=(x, y, z) = (5, 1, 3) + t(1, 2, 3) = (5+t, 1+2t, 3+3t)$$

(2) 매개변수 방정식

$$x = 5 + t,\quad y = 1 + 2t,\quad z = 3 + 3t$$

(3) 대칭방정식

$$\frac{x-5}{1} = \frac{y-1}{2} = \frac{z-3}{3}$$

【유제】 4.5.2 공

간에서 두 점 $P = (2,\ 4,\ -3)$, $Q = (3,\ -1,\ 1)$를 지나는 벡터방정식과 매개변수방정식을 구하여라.

정답.

벡터방정식

$r = (x,\ y,\ z) = (2,\ 4,\ -3) + t(1,\ -5,\ 4) = (2 + t,\ 4 - 5t,\ -3 + 4t)$

매개변수방정식은 $x = 2 + t,\quad y = 4 - 5t,\quad z = -3 + 4t$

☞ 평면의 식

공간에서 평면은 평면 위의 한 점 $P_o(x_o, y_o, z_o)$와 이 평면에 직교하는 벡터 $\vec{n}$에 의하여 결정된다. 이 같은 직교벡터 $\vec{n}$을 **법선벡터** (normal vector)라 부른다. $P(x, y, z)$를 평면 위의 임의의 점이라 하고, $\vec{r_0}$와 $\vec{r}$를 P_o와 P의 위치벡터라 하면 벡터 $\vec{r} - \vec{r_0}$는 $\overrightarrow{P_oP}$로 표현된다. 법선벡터 $\vec{n}$은 주어진 평면 위의 모든 벡터와 직교한다. 특히, $\vec{n}$은 $r - r_o$와 직교하므로,

[4] $\vec{n} \cdot (\vec{r} - \vec{r_0}) = 0$

을 얻게 되는데, 이것은

[5] $\vec{n} \cdot \vec{r} = \vec{n} \cdot \vec{r_0}$

와 같이 고쳐 쓸 수 있다.

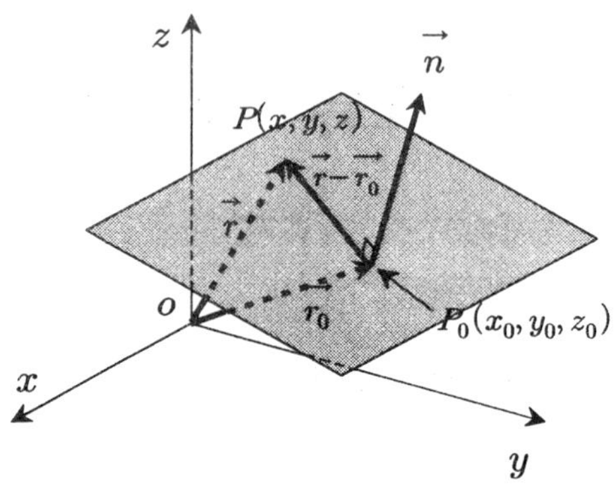

[그림4.5.2]

방정식 [4] 또는 [5]를 **평면의 벡터방정식**이라 부른다.

평면에 대한 스칼라방정식을 얻기 위하여,
$\vec{n} = (a, b, c)$, $\vec{r} = (x, y, z)$, $\vec{r_0} = (x_0, y_0, z_0)$라 쓰면, 벡터방정식 [4]는

$$(a, b, c) \cdot (x - x_o, y - y_o, z - z_o) = 0$$

또는

[6] $a(x - x_o) + b(y - y_o) + c(z - z_o) = 0$

이 된다. 방정식 [6]은 $P_o(x_o, y_o, z_o)$를 지나고, 법선벡터가 $n = (a, b, c)$인 **평면의 스칼라방정식**이다.

【예제】 4.5.3

점 (3, 5, -1)을 지나고 법선벡터가 $n = (1, 2, 3)$인 평면의 방정식을 구하고 이 평면이 좌표축과 만나는 점을 구하라.

[풀이]

방정식 [6]에서 $a=1,\ b=2,\ c=3,\ x_o=3,\ y_o=5,\ z_o=-1$이라 두면, 평면의 방정식은 $1(x-3)+2(y-5)+3(z+1)=0$
또는

$$x+2y+3z=10$$

임을 안다. x축과의 교점의 x절편을 구하기 위하여 이 방정식에서 $y=z=0$이라 두면 $x=10$을 얻는다. 마찬가지로 y축과의 교점의 y절편은 5, 또 z축과의 교점의 z절편은 $\frac{10}{3}$이다.

예제4.5.4에서 한 것과 같이, 방정식 [6]의 항을 묶으면, 평면의 방정식은

$$d=ax_0+by_0+cz_0 \quad \text{일 때}$$

$$[7]\ ax+by+cz+d=0$$

와 같이 고쳐 쓸 수 있다. 방정식 [7]을 x, y, z에 관한 **선형방정식**이라 부른다. 역으로 a, b, c가 모두는 0이 아닐 때, 선형방정식 [7]은 법선벡터가 (a,b,c)인 평면을 나타낸다.

【예제】 4.5.5

세점 $P(1,3,2),\ Q(3,-1,6),\ R(5,2,0)$을 포함하는 평면의 방정식을 구하라.

[풀이]

$\overrightarrow{PQ}$와 $\overrightarrow{PR}$에 대응되는 벡터 $\vec{a}$와 $\vec{b}$는
$\vec{a}=(2,-4,4),\ \vec{b}=(4,-1,-2)$이다. $\vec{a}$와 $\vec{b}$ 모두 구하는 평면

에 놓여 있기 때문에, 벡터곱 $\vec{a} \times \vec{b}$는 구하려는 평면과 직교하고, 이것을 법선벡터로 택할 수 있다. 따라서,

$$\vec{n} = \vec{a} \times \vec{b} = \begin{vmatrix} i & j & k \\ 2 & -4 & 4 \\ 4 & -1 & -2 \end{vmatrix} = 12i + 20j + 14k$$

이고, 평면의 방정식은 $12(x-1)+20(y-3)+14(z-2)=0$
또는 $6x+10y+7z=50$ 이다.

【유제】 4.5.6

세점 $P(1, 2, 1)$, $Q(-1, 1, 0)$, $R(1, 0, 2)$을 포함하는 평면의 방정식을 구하라.

정답.

$-3x+2y+4z=5$

【예제】 4.5.7

매개방정식 $x=2+3t,\ y=-4t,\ z=5+t$로 주어지는 직선이 평면 $4x+5y-2z=18$과 만나는 점을 구하여라.

[풀이]

매개방정식에서 x, y, z 에 대한 표현을 평면의 방정식에 대입하면,

$$4(2+3t)+5(-4t)-2(5+t)=18$$

이것을 간단히 하면 $-10t=20$이므로 $t=-2$이다. 따라서 만나는 점은 매개변수의 값이 $t=-2$일 때 생긴다.

$x=2+3(-2)=-4,\ y=-4(-2)=8,\ z=5-2=3$이므로 만나는 점은 $(-4,8,3)$이다.

두 평면은 그 법선벡터가 평행일 때 **평행**이다.

예를 들면 평면 $x+2y-3z=4$와 $2x+4y-6z=3$은 그 법선벡터가 $\overrightarrow{n_1}=(1,2,-3)$과 $\overrightarrow{n_2}=(2,4,-6)$으로서 $\overrightarrow{n_2}=2\overrightarrow{n_1}$이므로 평행이다. 두 평면이 평행이 아니면, 한 직선에서 만나고, 두 평면 사이의 각은 법선벡터 사이의 예각으로 정의된다.

【예제】 4.5.8

(1) 평면 $-x+y-z=1$과 $-x-2y-3z=1$ 사이의 각을 구하여라.

(2) 이들 두 평면의 교선 L에 대한 대칭방정식을 구하여라.

[풀이]

(1) 이들 평면의 법선벡터는

$$\overrightarrow{n_1}=(-1,1,-1)\ ,\quad \overrightarrow{n_2}=(-1,-2,-3)$$

이고, 평면 사이의 각을 θ라 하면, 3.3절의 식[6]으로부터

$$\cos\theta=\frac{\overrightarrow{n_1}\cdot\overrightarrow{n_2}}{\|\overrightarrow{n_1}\|\ \|\overrightarrow{n_2}\|}=\frac{-1(-1)+1(-2)-1(-3)}{\sqrt{1+1+1}\ \sqrt{1+4+9}}=\frac{2}{\sqrt{42}}$$

$$\theta=\cos^{-1}\left(\frac{2}{\sqrt{42}}\right)\approx 72^{\circ}$$

(2) 먼저 L 위의 점을 구하는 것이 필요하다. 예를 들면, 두 평면의 방정식에서 $z=0$이라 둠으로써 직선이 xy평면과

만나는 점을 구 할 수 있다.

이로부터 방정식 $-x+y=1$과 $-x-2y=1$이 얻어지고, 그 해는 $x=-1,\ y=0$이다.

따라서 점$(-1,\ 0,\ 0)$은 L 위에 있다.
이제 L이 두 평면 위에 있으므로, L은 두 평면의 법선벡터에 모두 수직임을 주목하자. 따라서 L에 평행인 벡터 $\vec{v}$는 벡터곱

$$\vec{v}=\overrightarrow{n_1}\times\overrightarrow{n_2}=\begin{vmatrix} i & j & k \\ -1 & 1 & -1 \\ -1 & -2 & -3 \end{vmatrix}=-5i-2j+3k$$

로 주어지므로, L의 대칭방정식은

$$\frac{x+1}{-5}=\frac{y}{-2}=\frac{z}{3}$$

와 같이 쓸 수 있다.

【예제】 4.5.9

점 $P_1(x_1, y_1, z_1)$에서 평면 $ax+by+cz+d=0$까지의 거리 D에 관한 공식을 구하여라.

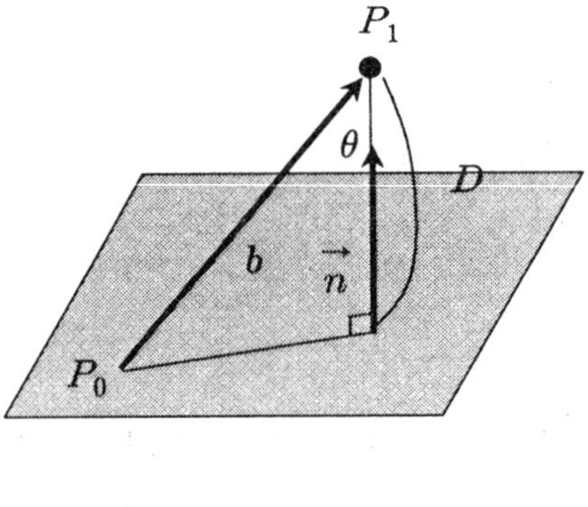

[그림4.5.3]

[풀이]

$P_o(x_o, y_o, z_o)$는 주어진 평면의 임의의 점이라 하고, $\vec{b}$를 $\overrightarrow{P_0P_1}$에 대응하는 벡터라 하면,

$$\vec{b} = (x_1 - x_0, y_1 - y_0, z_1 - z_0)$$

이다. [그림4.5.3] 12에서 P_1에서 평면까지의 거리 D는 법선벡터 $\vec{n} = (a, b, c)$ 위로의 벡터$\vec{b}$의 스칼라사영의 절대값과 같음을 알 수 있다.

따라서

$$D = |comp_n \vec{b}| = \frac{|\vec{n} \cdot \vec{b}|}{\| \vec{n} \|}$$

$$= \frac{|a(x_1 - x_0) + b(y_1 - y_0) + c(z_1 - z_0)|}{\sqrt{a^2 + b^2 + c^2}}$$

$$= \frac{|(ax_1 + by_1 + cz_1) - (ax_0 + by_0 + cz_0)|}{\sqrt{a^2 + b^2 + c^2}}$$

P_0는 평면 위에 놓여 있으므로, 그 좌표들은 평면의 방정식을 만족하고, 따라서
$ax_0 + by_0 + cz_0 + d = 0$를 얻는다. 따라서 D에 관한 공식은

[8] $$D = \frac{|ax_1 + by_1 + cz_1 + d|}{\sqrt{a^2 + b^2 + c^2}}$$

와 같이 쓸 수 있다.

【예제】 4.5.10

평행한 두 평면 $10x+2y-2z=5$ 와 $5x+y-z=1$ 사이의 거리를 구하여라.

[풀이]

먼저 두 평면은 각각의 법선벡터$(10, 2, -2)$와 $(5, 1, -1)$이 평행이므로, 평행임을 안다. 두 평면 사이의 거리 D를 구하기 위하여, 한 평면 위의 임의의 점을 택하여 이 점에서 다른 평면까지의 거리를 구한다. 특별히 첫 번째 방정식에서 $y=z=0$이라 두면 $10x=5$를 얻고, 따라서 $\left(\frac{1}{2}, 0, 0\right)$은 특별히 첫 번째 방정식에서 식 [8]에 의하여 점 $\left(\frac{1}{2}, 0, 0\right)$과 평면 $5x+y-z=1$ 사이의 거리는

$$D = \frac{\left|5(\frac{1}{2}) + 1(0) - 1(0) - 1\right|}{\sqrt{5^2+1^2+(-1)^2}} = \frac{\frac{3}{2}}{3\sqrt{3}} = \frac{\sqrt{3}}{6}$$

따라서 평면들 사이의 거리는 $\frac{\sqrt{3}}{6}$ 이다.

4.5 연습문제

1. 다음의 명제가 참인지, 거짓인지를 말하여라.

(1) 한 직선과 평행한 두 직선은 평행하다.
(2) 한 직선과 수직인 두 직선은 평행하다.
(3) 한 평면과 평행한 두 평면은 평행하다.
(4) 한 평면과 수직인 두 평면은 평행하다.
(5) 한 평면과 평행한 두 직선은 평행하다.
(6) 한 평면과 수직인 두 직선은 평행하다.
(7) 한 직선과 수직인 두 평면은 평행하다.
(8) 두 직선은 교차하거나 평행하다.
(9) 평면과 직선은 만나거나 평행하다.

2. 다음에 주어진 직선의 벡터방정식과 매개방정식을 구하여라.

(1) 벡터(3, 1, -8)과 평행하고 점(-2, 4, 10)을 지나는 직선
(2) 점 (1, 0, 6)을 지나고 평면 $x+3y-z=5$와 수직인 직선

3. 다음에 주어진 직선의 매개방정식과 대칭방정식을 구하여라.

(1) 점(3, 1, -1)과 점 (3, 2, -6)을 지나는 직선
(2) 점$\left(0, \frac{1}{2}, 1\right)$과 점 (2, 1, -3)을 지나는 직선

4. (1) 점 (0, 2, -1)을 지나고 매개방정식이

$x = 1 + 2t,\ y = 3t,\ z = 5 - 7t$ 인 직선과 평행인 직선의 대칭방정식을 구하여라.

(2) (1)에서 구한 직선이 좌표평면과 만나는 점을 구하여라.

5. 다음에 주어진 평면의 방정식을 구하여라.

(1) 점 $(6, 3, 2)$ 를 지나고 벡터 $(-2, 1, 5)$ 에 수직인 평면의 식

(2) 점 $(1, -1, 1)$ 을 지나고 법선벡터 $e_1 + e_2 - e_3$ 임 평면의 식

(3) 원점을 지나고 평면 $2x - y + 3z = 1$ 에 평행한 평면의 식

(4) 세점 $P(1, 1, -1), Q(3, -1, 3), R(5, 1, 0)$ 을 지나는 평면의 식

6. 점 $(2, 8, 5)$ 에서 평면 $x - 2y - 2z = 1$ 까지의 거리를 구하여라.

7. 다음에 주어진 평행인 평면 사이의 거리를 구하여라.

$x + 2y - z + 1 = 0,\quad 3x + 6y - 3z = 4$

정답.

5(4)$x - 7y - 4 = 0$

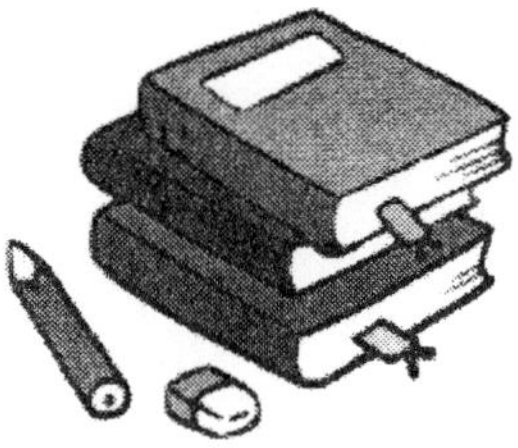

제5장 벡터공간과 기저

이 절에서는 평면이나 공간위의 벡터에 관한 특성을 이용하여 추상적인 공간개념을 공부한다.

5.1 벡터공간 과 부분공간

벡터의 개념은 원하는 어떤 것이든지 R^n에서의 n 중 n 중 순서쌍, 수 또는 함수까지도 **벡터**라고 정의할 수 있다. 벡터공간 V의 개념에 대한 기본이 되는 것은, 벡터와 스칼라인 두 가지 대상과 다음에서 주어진 것과 유사한 두 개의 대수적 연산이다. 벡터의 어떤 집합 안의 두 벡터를 더하여 다른 벡터를 이 동일한 집합 안에서 얻을 수 있게 하고, 벡터와 스칼라를 곱하여 한 벡터를 이 동일한 집합 안에서 얻을 수 있도록 하는 대상들의 어떤 집합이 벡터공간이냐 하는 것은 이 집합이 일정한 그 밖의 성질들을 갖는 두 개의 대수적 연산자를 함께 갖고 있느냐에 달려 있다. 벡터공간의 공리들인 이 성질들은 다음에 주어진다.

〖정의〗 5.1.1

V를 **벡터 덧셈, 스칼라곱**이라 하는 두 연산들이 정의된 원소들의 집합이라 하자. 이 때, 다음 10개의 성질들을 만족하는

V를 **벡터공간**이라 한다.

☞ 덧셈공리

(1) u와 v가 V안에 있으면, $u+v$는 V안에 있다.

(2) V안에 있는 모든 u,v에 대하여, $u+v=v+u$ (교환법칙)

(3) V에 있는 모든 u,v,w에 대하여,

$u+(v+w)=(u+v)+w$ (결합법칙)

(4) V에 있는 모든 u에 대하여, $O+u=u+O$인 유일한 벡터 O이 V안에 존재한다. (영벡터)

(5) V안에 있는 각 u에 대하여, $u+(-u)=(-u)+u=O$인 벡터 $-x$가 존재한다. (음벡터)

☞ 스칼라배에 대한 공리

(6) k가 임의의 스칼라이고 u가 V안에 있으면, ku는 V안에 있다.

(7) $k(u+v)=ku+kv$

(8) $(k_1+k_2)u=k_1u+k_2u$ (분배법칙)

(9) $k_1(k_2u)=(k_1k_2)u$

(10) $1u = u$

추상적인 벡터에 대한 이 간단한 소개에 있어서, **정의4.1.1**에서의 스칼라가 실수인 경우에, V를 **실벡터공간**이라 하고, 스칼라가 복소수인 경우를 복소벡터공간이라고 한다.

【예제】 5.1.2

다음에 주어진 집합이 은 보통 덧셈과 실수에 의한 곱에 대하여 벡터공간이 됨을 보여라.

(1) $V=\{1\}$, (2) $V=\{0\}$

[풀이]

(1) 한 원소로 이루어진 이 집합계에 대해서는 많은 성질이 만족 못한다. 특히, **정의**5.1.1 (1)과 (6)을 만족하지 못한다. 합 $1+1=2$도 $k\neq 1$에 대하여 스칼라배 $k\cdot 1=k$라도 V는 벡터 공간이 아니다.

(2) 이 경우에는 $0+0=0$이고 임의의 실수 k에 대하여 $k\cdot 0=0$이므로 **정의5.1.1을** 만족한다.
$0+0=0+0$이고 $(0+0)+0=0+(0+0)$이므로 교환, 결합법칙을 만족한다. 이런 방법으로, 나머지 공리도 만족함을 증명할 수 있다. 따라서 V는 벡터공간이다.

벡터공간 $V=\{0\}$는 자주 **자명**(trivial)**한 공간**, 또는 **영벡터 공간**이라 한다.

독자는 벡터 덧셈 과 스칼라배 라는 명칭을 글자 그대로 받아들이지 말아야 한다.

이들 연산은 정의되어 있는 것이고 학생들은 이들 연산이, 말하자면, R, R^2, R^3또는R^n에서의 보통 덧셈과 곱셈의 통상적 지식과 전혀 닮지 않았더라도 그들 연산을 액면 그대로 받아들여야 한다. 예를 들어, 두 벡터 x와 y의 덧셈은 $x-y$일 수 있다. 여기에 주의해서 다음 예를 살펴보자.

【예제】 5.1.3

덧셈이 $x+y=xy$ 로 정의되고 스칼라배가 $kx=x^k$ 로 정의된 양의 실수들의 집합 V를 생각하자. V가 벡터공간이 됨을 보여라.

[풀이]

(1) $x=x>0$, $y=y>0$이므로 $x+y=xy>0$이다. 따라서 $x+y$는 V안에 있으므로 V는 덧셈에 대하여 닫혀 있다.

(2) 양의 실수들의 곱은 교환법칙이 성립하므로, V 안에 있는 모든 $x=x$와 $y=y$에 대하여 $x+y=xy=yx=y+x$이다. 그러므로, 덧셈에 대한 교환법칙이 성립한다.

(3) V안에 있는 모든 $x=x, y=y, z=z$에 대하여,
$x+(y+z)=x(yz)=(xy)z=(x+y)+z$이다. 그러므로,
덧셈에 대한 결합법칙이 성립한다.

(4) $1+x=1x=x=x$이고 $x+1=x1=x=x$이므로 영벡터는 1=1이다.

(5) $-x=\frac{1}{x}$이라고 정의하면, $x+(-x)=x\frac{1}{x}=1=1=0$이고 $(-x)+x=\frac{1}{x}x=1=1=0$이 되어 음의 벡터는 그 수의 역수이다.

(6) k가 임의의 스칼라이고 $x=x>0$이 임의의 벡터이면, $kx=x^k>0$이다. 따라서, V는 스칼라배에 대하여 닫혀 있다.

(7) k를 임의의 스칼라라 하면, $k(x+y)=(xy)^k=x^ky^k=kx+ky$이다.

(8) 스칼라 k_1, k_2에 대하여,
$(k_1+k_2)x=x^{(k_1+k_2)}=x^{k_1}x^{k_2}=k_1x+k_2x$이다.

(9) 스칼라 k_1, k_2에 대하여, $k_1(k_2x)=(x^{k_2})^{k_1}=x^{k_1k_2}=(k_1k_2)x$.

(10) $1x=x^1=x=x$.

결국, **정의5.1.1**의 성질을 모두 만족하므로, V는 벡터공간이 된다.

【예제】

5.1.4 $R^3=\{(x, y, z)|x, y, z\in R\}$ 의 원소 $X=(x_1, x_2, x_3)$, $Y=(y_1, y_2, y_3)$ 와 스칼라 k 에 대하여 덧셈과 스칼라곱을 다음과 같이 정의하면 R^3 은 R 위에서 벡터공간이 됨을 보여라.

$$X+Y=(x_1+y_1,\ x_2+y_2,\ x_3+y_3)$$

$$kX=(kx_1,\ kx_2,\ kx_3)$$

[풀이]

벡터공간의 공리계 중에서 가장 중요한 것 중 세 가지만 만족함을 보이면 다른 것은 쉽게 성립함을 보일 수 있다.
우선 $O=(0,0,0)\in R^3$ 이므로 임의의 원소 $(x,y,z)\in R^3$ 에 대하여

$(0,0,0)+(x,y,z)=(0+x,\ 0+y,\ 0+z)=(x,\ y,\ z)$
또한, $(-x,-y,-z)\in R^3$
$(x,y,z)+(-x,-y,-z)=(x-x,\ y-y,\ z-z)=(0,\ 0,\ 0)=O$
이므로 $(-x,-y,-z)$ 은 (x,y,z) 의 음벡터이다. 즉,
$-1(x,y,z)\ =(-x,-y,-z)$ 이다.
수 1 에 관하여 $1(x,y,z)=(1x,1y,1z)=(x,y,z)$
나머지들은 쉽게 성립됨을 보일수 있어서 생략한다.

【유제】

5.1.5 $R^n=\{(x_1,x_2,\cdots,x_n)\mid\forall x_i\in R\}$ 의 원소 $X=(x_1,x_2,\cdots,x_n)$, $Y=(y_1,y_2,\cdots,y_n)$ 와 스칼라 k 에 대하여 덧셈과 스칼라곱을 다음과 같이 정의하면 R^n 은 R 위에서 벡터공간이 됨을 보여라.

$$X+Y=(x_1+y_1,\ x_2+y_2,\ \cdots,\ x_n+y_n)$$

$$kX=(kx_1,\ kx_2,\ \cdots,\ kx_n)$$

【예제】

5.1.6 $R^2 = \{(x, y) | x, y \in R\}$ 의 원소 $X = (x_1, x_2)$, $Y = (y_1, y_2)$ 와 스칼라 k 에 대하여 덧셈과 스칼라곱을 다음과 같이 정의하면 R^2 은 R 위에서 벡터공간이 되지 않음을 보여라.

$$X + Y = (x_1 + y_1,\ x_2 + y_2)$$
$$kX = (kx_2,\ kx_1)$$

[풀이]

스칼라곱에서 $1(x_1, x_2) = (1x_2, 1x_1) = (x_2, x_1) \neq (x_1, x_2)$ 이므로 벡터공간이 아니다.

다음에 나열한 성질들은 모두 벡터공간들이다. 벡터 덧셈과 스칼라배라는 연산은 주어진 집합에 관련된 통상적인 연산들이다.

[1] 실수로 된 집합 R

[2] n차 이하의 다항식으로 된 집합 P_n

[3] 전 실직선(entire real line) 위에서 정의된실(가)함수 (real-valued function) f 들로 된 집합

☞ 부분공간

〖정의〗

5.1.7 벡터공간 V의 부분집합 W가 그 자체로 V위에서 정의된 벡터 덧셈과 스칼라배에 대하여 벡터공간이 되면, W을 V

의 **부분공간**이라 한다.

모든 벡터공간 V는 적어도 두 부분공간, 즉 V 자신과 O부분공간 $\{0\}$을 갖는다. 영벡터는 모든 벡터공간의 원소이어야 하므로 $\{0\}$은 부분공간이다.

벡터공간 V의 부분집합 W가 부분공간이라는 것을 보이기 위하여 열(10)개의 모든 성질을 만족함을 증명할 필요는 없다. W에 있는 모든 벡터는 또한 V에 있으므로 이들 벡터들은 **정의5.1.1** (2)와 (3) 같은 성질들을 만족하여야 한다. 다시 말하면, W는 V로부터 대부분의 벡터공간의 성질들을 만족하므로, 부분집합 W가 부분공간임을 보이기 위하여 덧셈과 스칼라배에 대하여 닫혀있는지만 조사해보면 된다.

〖정리〗 5.1.8
부분공간에 대한 판정기준

벡터공간 V의, 공집합이 아닌 부분집합 W가 부분공간이 되기 위한 필요충분조건은 W가 V에서 정의된 벡터 덧셈과 스칼라배에 대하여 다음 두 조건을 만족할때이다.

(1) 벡터 u와 v가 W안에 있을 때, $u+v$도 W안에 있다.

(2) u가 W안에 있고, k가 임의의 스칼라이면, ku는 W안에 있다.

【예제】 5.1.9

f 와 g 가 전 실직선 위에서 정의된 연속 실함수라 가정하자. 이 때, 미적분학에서 $f+g$ 와 임의의 실수 k에 대하여 kf는 연속 실함수라는 것을 알고 있다.

이것으로부터, $C(-\infty,\infty)$는 모든 실직선 위에서 정의된 실함수로 된 벡터공간의 부분공간이라는 것을 알 수 있다.

항상 벡터공간과 부분공간을 구체적으로 생생하게 상상하는 것이 좋다. 3차원 벡터로 된 벡터공간 R^3의 부분공간은 벡터를 점 (a_1,a_2,a_3)으로 생각하면 쉽게 상상할 수 있다.

물론, R^3과 $\{O\}$은 부분공간이고, 다른 부분공간은 원점을 지나는 모든 직선과 원점을 지나는 모든 평면들이다. 영벡터 $O=(0,0,0)$는 각 부분공간의 원소이어야 하므로, 직선과 평면은 반드시 원점을 지나야 한다.

5.1 연습문제

1. S를 실수의 모든 순서쌍 (x, y)들의 집합이라 하자. 이 때 S상의 합과 스칼라배를

$$(x_1, x_2)+(y_1, y_2)=(x_1+y_1, 0) \quad , \quad \alpha(x_1, x_2)=(\alpha x_1, \alpha x_2)$$

로 정의하면 집합 S는 벡터공간이 되는가?

2. S 를 다음과 같은 2×2 행렬들의 집합이라 하자. 이 때 S상의 합과 스칼라배는 행렬의 기본연산을 따를 때 집합 S는 벡터공간이 되는가?

(1) $S=\left\{\begin{pmatrix} a & 1 \\ 1 & b \end{pmatrix} \mid a, b \in R\right\}$ (2) $S=\left\{\begin{pmatrix} a & a+b \\ a+b & b \end{pmatrix} \mid a, b \in R\right\}$

3. 다음 중에서 R^3 의 부분공간이 되는 것을 찾아라.

(1) $\{(x, 0, 0) \mid x \in R\}$ (2) $\{(1, 1, x) \mid x \in R\}$

(3) $\{(x, y, z) \mid x=y+z, \quad x, y, z \in R\}$

(4) $\{(x, y, z) \mid x+z+1, \quad x, y, z \in R\}$

4. 다음과 같은 형태의 행렬 전체의 집합이 2×2행렬공간의 부분공간이 되는지를 밝혀라.

(1) $\begin{pmatrix} a & 0 \\ 0 & b \end{pmatrix}$, $a, b \in R$ (2) $\begin{pmatrix} a & 1 \\ 1 & b \end{pmatrix}$, $a, b \in R$

정답.

1. 벡터공간이 아니다.
2. (1) 벡터공간이 아니다. (2) 벡터공간이다.
3. (1)과 (3)이 부분공간이다.
4. (1)은 부분공간 (2) 부분공간이 아니다.

5.2 일차독립과 일차종속

이 절에서는 일차결합, 일차독립, 일차종속 및 기저의 개념을 알아보기로 하자.

☞ 일차결합(linear combination)

〖정의〗 5.2.1

V 를 벡터공간이라 하고, $v_1, v_2, \cdots, v_n$ 을 V의 벡터라 하면, 이들 각각 벡터에 스칼라 $k_1, k_2, \cdots, k_n$ 을 곱한 다음 이들 모두를 더한 새로운 벡터 $k_1v_1 + k_2v_2 + \cdots + k_nv_n$ 을 $v_1, v_2, \cdots, v_n$ 의 **일차결합**(linear combination)이라 한다.

【예제】 5.2.2

벡터 $(1, 2, 3) \in R^3$가 R^3의 각 축 방향의 단위벡터 e_1, e_2, e_3의 일차결합임을 보여라.

[풀이]

$(1, 2, 3) = \alpha e_1 + \beta e_2 + \gamma e_3$ 인 수 α, β, γ 가 있는지 알아보면 된다.

$(1, 2, 3) = \alpha(1,0,0) + \beta(0,1,0) + \gamma(0,0,1) = (\alpha, \beta, \gamma)$

방정식을 풀면, $\alpha = 1,\ \beta = 2,\ \gamma = 3$ 이다. 즉,

$(1, 2, 3) = 1(1,0,0) + 2(0,1,0) + 3(0,0,1)$

되어 e_1, e_2, e_3 의 일차결합이다.

【유제】 5.2.3

벡터$(1, -2, 5) \in R^3$를

$v_1 = (1, 1, 1),\ v_2 = (1, 2, 3),\ v_3 = (2, -1, 1)$의 일차결합으로

나타내어라.

정답. $(1, -2, 5) = -6v + 3v_2 + 2v_3$

벡터공간 V 의 벡터 $v_1, v_2, \cdots, v_n$ 의 일차결합 전체의 집합
$W = \{k_1v_1 + k_2v_2 + \cdots + k_nv_n \mid k_i \in R,\ i = 1, 2, \cdots, n\}$
는 V 의 부분공간이 되므로, 이를 $v_1, v_2, \cdots, v_n$ 에 의해 생성된 부분공간이라 하고 $W = < v_1, v_2, \cdots, v_n >$ 으로 나타낸다.

〖정의〗 5.2.4

벡터공간 V 의 부분집합에 대하여 $V = < w_1, w_2, \cdots, w_n >$ 일 때, 부분공간 W 를 벡터공간 V 의 **생성원집합**(generating set)이라 하고, 이 때 벡터 $w_1, w_2, \cdots, w_n$을 벡터공간 V 의 **생성원**(generator)이라 한다.

【예제】 5.2.5

$\{(1,1,1), (1,1,0), (1,0,0)\}$ 은 R^3의 생성원집합임을 보여라.

[풀이]

임의의 벡터 $(x,y,z) \in R^3$ 에 대하여
$(x,y,z) = \alpha(1,1,1) + \beta(1,1,0) + \gamma(1,0,0)$ 인 $\alpha, \beta, \gamma \in R$ 가 존재함을 보이면 된다. 그런데

$$\begin{aligned}(x,y,z) &= \alpha(1,1,1) + \beta(1,1,0) + \gamma(1,0,0) \quad \text{이므로} \\ &= (\alpha, \alpha, \alpha) + (\beta, \beta, 0) + (\gamma, 0, 0) \\ &= (\alpha + \beta + \gamma,\ \alpha + \beta,\ \alpha)\end{aligned}$$

$x = \alpha + \beta + \gamma, \quad y = \alpha + \beta, \quad z = \alpha$ 이다.

이들을 연립하여 풀면 $\alpha=z, \beta=y-z, \gamma=x-y$ 을 얻는다. 그러므로 R^3의 임의의 벡터 (x, y, z)는
$(x,y,z)=z(1,1,1)+(y-z)(1,1,0)+(x-y)(1,0,0)$
와 같이 나타낼 수 있다.

따라서 $\{(1,1,1),(1,1,0),(1,0,0)\}$ 은 R^3 공간의 생성원집합이다.

【예제】 5.2.6

R^n에서의 단위벡터들의 집합 $\{e_1,e_2,\cdots,e_n\}$이 R^n의 생성원집합임을 보여라.

[풀이]

임의의 벡터 $(x_1,x_2,\cdots,x_n)\in R^n$ 에 대하여
$(x_1,x_2,\cdots,x_n)=x_1e_1+x_2e_2+\cdots+x_ne_n$ 으로 나타낼 수 있으므로 생성원집합이다.

【정의】 5.2.7

벡터공간 V 의 벡터 $v_1,v_2,\cdots,v_n$ 에 대한 일차결합으로 만든 방정식 $k_1v_1+k_2v_2+\cdots+k_nv_n=0$ 을 만족하는 $k_1,k_2,\cdots,k_n$를 생각하자.

(1) 모든 스칼라 $k_1,k_2,\cdots,k_n$ 가 $k_1=k_2=,\cdots,=k_n=0$ 일 때만 성립할 경우 벡터 $\{v_1,v_2,\cdots,v_n\}$ 를 **일차독립**(linearly independent)이라 하고,

(2) 스칼라 $k_1,k_2,\cdots,k_n$ 가 모두는 0 이 아니어도 성립할 경우 벡터 $\{v_1,v_2,\cdots,v_n\}$ 를 **일차종속**(linearly dependent)이라 한다.

즉, $\{v_1, v_2, \ldots, v_n\}$ 이 일차독립이라는 의미는 $k_1v_1 + k_2v_2 + \cdots + k_nv_n = 0$ 이면 $k_1 = k_2 = \cdots = k_n = 0$ 임을 뜻하는 반면에 적어도 하나는 0이 아닌 해 $k_1, k_2, \ldots, k_n$ 이 존재할 때, $\{k_1, k_2, \ldots, k_n\}$ 을 **일차종속** (linearly dependent)이라 한다. 왜냐하면 만일 $k_1 \neq 0$ 이고 $k_1v_1 + k_2v_2 + \cdots + k_nv_n = 0$ 이면 $v_1 = \left(-\frac{k_2}{k_1}\right)v_2 + \cdots + \left(-\frac{k_n}{k_1}\right)v_n$ 으로 나타낼 수 있기 때문에 일차종속이라 부른다.

【예제】 5.2.8

R^3상에서의 집합 $\{(1,1,1),(1,1,0),(1,0,0)\}$ 이 일차독립임을 보여라.

[풀이]

$\alpha(1,1,1) + \beta(1,1,0) + \gamma(1,0,0) = 0$ 이라 하면

$(\alpha+\beta+\gamma,\ \alpha+\beta,\ \alpha) = (0,\ 0,\ 0)$ 이므로 $\alpha = \beta = \gamma = 0$이다.

그러므로, 일차독립이다.

【예제】 5.2.9

R^n 에서의 단위벡터들의 집합 $\{e_1, e_2, \ldots, e_n\}$ 이 일차독립임을 보여라.

[풀이]

$k_1e_1 + k_2e_3 + \cdots + k_ne_n = 0$ 라고 하자. 그러면

$k_1(1,0,\ldots,0) + k_2(0,1,0,\ldots 0) + \cdots + k_n(0,\ldots,0,1) = (0,0,\ldots 0), (k_1, k_2, \ldots, k_n) = (0,0,\ldots,0)$

이므로 $k_1 = k_2 = \cdots = k_n = 0$ 이다.

그러므로, 이들은 일차독립이다.

【예제】 5.2.10

R^3공간의 부분집합인 $\{(0,1,0), (0,1,1), (0,0,1)\}$ 이 일차종속임을

보여라.

[풀이]

$\alpha(0,1,0)+\beta(0,1,1)+\gamma(0,0,1)=(0,0,0)$ 이라 하면

$(0,\alpha+\beta,\beta+\gamma)=(0,0,0)$ 이다.

따라서 $\alpha+\beta+\gamma=0$ 을 연립하여 풀면 $\alpha=-\beta=\gamma$ 을 얻는다. 이때 α,β,γ 가 모두 0 일 필요는 없다.

예를 들면, $\alpha=1,\beta=-1,\gamma=1$ 이 될 수 있다. 그러므로, 이들은 일차종속이다.

【예제】 5.2.11

R^2공간의 두 위치 벡터는 같은 직선 상에 있으면 일차종속이고, 그렇지 않으면 일차독립이다.

또한 R^3 공간의 세 위치 벡터는 같은 평면상에 있으면 일차종속이고, 그렇지 않으면 일차독립이다.

5.2 연습문제

1. 다음 벡터들이 R^3 에서 일차 독립, 일차종속을 판정하라.

(1) $(1,1,1), (1,2,3), (2,-1,1)$ (2) $(2,3,4), (1,0,1), (0,2,-1)$

(3) $(2,-1,8), (0,1,-2), (1,-1,5)$

2. 다음 집합이 2×2 행렬공간안에서 일차독립임을 보여라.

(1) $\left\{ \begin{pmatrix} 0 & 1 \\ 0 & 0 \end{pmatrix}, \begin{pmatrix} 0 & 0 \\ 1 & 0 \end{pmatrix}, \begin{pmatrix} 1 & 0 \\ 0 & -1 \end{pmatrix}, \begin{pmatrix} 1 & 0 \\ 0 & 1 \end{pmatrix} \right\}$

(2) $\left\{ \begin{pmatrix} 1 & 1 \\ 0 & 0 \end{pmatrix}, \begin{pmatrix} 0 & 0 \\ 1 & 1 \end{pmatrix}, \begin{pmatrix} 1 & -1 \\ 0 & 0 \end{pmatrix}, \begin{pmatrix} 0 & 0 \\ 2 & 1 \end{pmatrix} \right\}$

3. 벡터공간 V 안에서 다음 집합 $\{u, v, w\}$ 이 일차독립이면 $\{u, u+v, u+v+w\}$ 도 일차독립이 됨을 보여라.

5.3. 기저와 차원

☞ 기저

〖정의〗 5.3.1

벡터공간 V 의 부분집합인 W 가 다음의 두 가지 조건을 만족할 때, W 를 V 의 **기저**(basis)라고 한다.

(1) W 는 일차독립이다.

(2) W 는 V 의 생성원집합이다.

【예제】 5.3.2

R^3의 단위벡터들의 집합 $\{e_1, e_2, e_3\}$ 은 R^3의 기저이고, R^n의 단위벡터들의 집합 $\{e_1, e_2, \ldots, e_n\}$은 R^n의 기저가 된다.

【예제】 5.3.3

$\{(1,1,1),(1,1,0),(1,0,0)\}$은 R^3공간의 기저가 됨을 보여라.

[풀이]

예제4와 예제7에 의해 주어진 집합은 일차독립이고 생성원집합이므로 R^3공간의 기저이다.

【예제】 5.3.4

아래 주어진 $M_{2\times2}$의 부분집합 $W=\{M_1, M_2, M_3, M_4\}$는 행렬공간 $M_{2\times2}$의 기저임을 보여라.

$$M_1=\begin{pmatrix}1&0\\0&0\end{pmatrix},\ M_2=\begin{pmatrix}0&1\\0&0\end{pmatrix},\ M_3=\begin{pmatrix}0&0\\1&0\end{pmatrix},\ M_4=\begin{pmatrix}0&0\\0&1\end{pmatrix}$$

[풀이]

먼저 집합 W가 일차독립임을 보이도록 하자. 이를 위하여 수 x,y,z,w에 대하여 $xM_1+yM_2+zM_3+wM_4=0$ 라고 가정하자.

그러면,

$x\begin{pmatrix}1&0\\0&0\end{pmatrix}+y\begin{pmatrix}0&1\\0&0\end{pmatrix}+z\begin{pmatrix}0&0\\1&0\end{pmatrix}+w\begin{pmatrix}0&0\\0&1\end{pmatrix}=\begin{pmatrix}0&0\\0&0\end{pmatrix}$ 로부터

$\begin{pmatrix}x&y\\z&w\end{pmatrix}=\begin{pmatrix}0&0\\0&0\end{pmatrix}$ 을 얻는다. 따라서, $x=y=z=w=0$ 이다.

이는 집합 W 가 일차독립임을 의미한다. 다음은 집합 W 가 $M_{2\times 2}$ 의 생성원집합임을 보이도록 하자. 이를 위하여 임의의 행렬 $A=\begin{pmatrix}a&b\\c&d\end{pmatrix}\in M_{2\times 2}$ 에 대하여

$A=\begin{pmatrix}a&b\\c&d\end{pmatrix}=a\begin{pmatrix}1&0\\0&0\end{pmatrix}+b\begin{pmatrix}0&1\\0&0\end{pmatrix}+c\begin{pmatrix}0&0\\1&0\end{pmatrix}+d\begin{pmatrix}0&0\\0&1\end{pmatrix}$ 이 성립한다. 즉, $A=aM_1+bM_2+cM_3+dM_4$ 이다. 따라서 W 는 생성원집합이다.

위의 결과로부터 집합 W는 행렬공간 $M_{2\times 2}$의 기저이다.

☞ 차원(dimension)

위에서 살펴본 바와 같이 하나의 벡터공간에 대한 기저집합은 여러가지 형태로 존재할 수 있다. 그러나 그 벡터공간의 어떤 기저집합에 대하여도 원소의 개수는 일정하다. 이 일정한 기저를 이루는 집합의 원소의 개수 (즉, 벡터공간 V 내의 모든 일차독립인 벡터의 최대 개수)를 벡터공간의 **차원**(dimension)이라 한다. 벡터공간 V 가 n차원일 경우 $\dim V=n$ 으로 나타낸다.

특히, 영벡터 하나만으로 이루어진 자명한 공간 $\{0\}$ 의 차원은 0

으로 정의한다. 실수로 이루어진 벡터공간은 R은 1을 기저로 가지므로 이 공간의 차원은 1이다.

【예제】 5.3.5

R^2공간의 차원은 2고, R^3공간의 차원은 3이다.

【예제】 5.3.6

R^3공간은 3차원이므로 부분공간은 0차원인 $\{0\}$, 1차원인 원점을 지나는 직선 형태, 2차원점인 원점을 지나는 평면 형태, 3차원인 R^3등의 4종류이다.

【예제】 5.3.7

R^n공간의 차원은 n임을 보여라.

[풀이]

$\{e_1, e_2, \ldots, e_n\}$은 R^n은 기저이다. 그러므로, $\dim V = n$ 이다.

【예제】 5.3.8

행렬공간 $M_{m\times n}$의 기저와 차원을 구하여라.

[풀이]

행렬 M_{ij}를 임의의 ij성분이 1이고, 그 외에는 0인 $m\times n$ 행렬이라 놓자.

$$즉,\ M_{ij} = \begin{pmatrix} 0 & 0 & \cdots & 0 & \cdots & 0 \\ \cdots & \cdots & \cdots & \cdots & \cdots & 0 \\ 0 & 0 & \cdots & 1 & \cdots & 0 \\ \cdots & \cdots & \cdots & \cdots & \cdots & 0 \\ 0 & 0 & \cdots & 0 & \cdots & 0 \end{pmatrix}$$

그러면, $W = \{M_{ij} \mid 1 \le i \le m,\ 1 \le j \le n\}$는 일차독립이고 행렬공간

$M_{m\times n}$의 생성원집합임을 쉽게 보일 수 있다. 따라서 W는 행렬공간 $M_{m\times n}$의 기저이고, 이 기저집합의 원소의 개수는 mn개다. 따라서 $\dim(M_{m\times n})=mn$이다.

집합 $W=\{v_1,v_2,\cdots,v_n\}$ 이 벡터공간 V의 기저이면, 벡터공간 V의 임의의 원소 u는 $u=k_1v_1+k_2v_2+\cdots+k_nv_n$ 와 같이 벡터 $v_1,v_2,\cdots,v_n$의 일차결합으로 유일하게 표시된다.

이 때, 이 유일한 계수들의 순서쌍 $(k_1,k_2,\cdots,k_n)$ 을 벡터공간 V의 기저 W에 관한 벡터 u의 **좌표**(coordinate)라고 한다.

【예제】 5.3.9

유클리드 벡터공간 R^2 의 기저 $W_1=\{(1,0),(0,1)\}$와 $W_2=\{(-3,1),(1,1)\}$에 대해서 벡터 (x,y)의 좌표를 구하여라.

[풀이] 벡터 (x,y)는 기저 W_1에 의해 일차결합으로

$(x,y)=(x,0)+(0,y)=x(1,0)+y(0,1)$

와 같이 유일하게 표시한다. 따라서 기저 W_1에 관한 벡터 (x,y)의 좌표는 (x,y)이다.

예를 들면, 기저 W_1에 관한 벡터$(7,7)$ 의 좌표는$(7,7)$ 이며, 한편 평면위에 있는 임의의 벡터 (x,y)는 R^2 의 기저인 W_2에 의해서 일차결합으로 나타내면 $(x,y)=a(-3,1)+b(1,1)$ 이 되고,a,b를x,y에관한 식이 되도록 해를 구하면 $(x,y)=-\frac{1}{4}(x-y)(-3,1)+\frac{1}{4}(x+3y)(1,1)$ 와 같이 유일하게 일차결합으로 표시되므로 기저 W_2에 관한 벡터 (x,y)의 좌표는 $\left(-\frac{1}{4}(x-y),\ \frac{1}{4}(x+3y)\right)$이 된다.

예를 들면, 기저 W_2에 관한 벡터 $(7,7)$ 의 좌표는 $(0,7)$ 이다. 이와 같이 같은 벡터라 할지라도 벡터의 좌표는 기저의 선택에 따라 달라지는 걸 알 수 있다.

5.3 연습문제

1. 다음 벡터들이 R^2 의 기저가 되는지를 보여라.

(1) (1,0) (2) (1, 0), (0, 1) (3) (1, 2), (2, 5) (4) (2, 4), (3, 6)

2. 다음 집합이 3차 다항식 P_3 의 기저인가를 밝혀라.

(1) $\{x, 1-x, 3x^2\}$ (2) $\{x^2, 4x, x\}$

(3) $\{x, 3x^2+1, 4x+2, 1-5x\}$

3. 다음 R^5 의 부분공간 W의 기저와 차원을 구하여라.

$$W = \{(x_1, x_2, x_3, x_4, x_5) | x_1 + x_2 = 0, x_2 = x_4, x_5 = x_1 + 3x_3\}$$

정답 3.

기저 $\{(0,0,1,0,3), (-1,1,0,1,-1)\}$ 이므로 2차원 4.3절에서 언급한 공간에서의 내적의 개념을 추상화된 벡터공간까지 확장하여 보자.

5.4 내적공간과 직교기저

☞ 내적공간

【정의】 5.4.1

실수 R위의 벡터공간 V 의 순서쌍 전체의 집합을 V^2, $V^2 = V \times V = \{(u,v) | u, v \in V\}$라 하자. 집합 $V^2 = V \times V$에서 실수 R로 가는 사상$<,>$이 있어서 다음의 조건을 만족할 때, $<,>$를 V의 **내적**(inner product)라 한다.

내적이 존재하는 벡터공간을 **내적공간**이라 부른다. 실수 위의 내적이라는 뜻에서 **실내적공간**이라고 한다.

(1) $u, v \in V$ 에 대하여 $< u, v > = < v, u >$ **(대칭법칙)**

(2) $< u+v, w > = < u, w > + < v, w >$, $w \in V$ **(분배의 법칙)**

(3) $< ku, v > = k < u, v >$, $k \in R$

(4) $< u, v > \geq 0$이고 $< u, u > = 0$ 일 필요 충분 조건은 $u = 0$

【예제】 5.4.2

$(R^2, \bullet)$은 내적공간임을 보여라.

[풀이]

위의 정의와 정리에 의하여 분명하다.

【예제】 5.4.3

$R^n = \{(x_1, x_2, \ldots, x_n) | x_i \in R, i = 1, 2, \cdots, n\}$공간 내의사상 $<,>: R^n \rightarrow R$이

$< x, y > = x \bullet y = x_1 y_1 + x_2 y_2 + \cdots + x_n y_n$, $x = (x_1, x_2, \cdots, x_n)$, $y = (y_1, y_2, \cdots, y_n)$

으로 정의 되었다고 하자. <,> = • 은 R^n 의 내적이다. 이때 • 를 **Euclid 내적** 또는 **표준내적**(standard inner product)이라 한다. (R^2, •)이 Euclid 내적공간임을 보여라.

[풀이]

x^T, y^T를 $1\times n$행렬 x, y의 전치행렬이라 놓으면,

$$
\begin{aligned}
x \cdot y = xy^t &= (x_1, x_2, \cdots, x_n) \cdot (y_1, y_2, \cdots, y_n) \\
&= x_1y_1 + x_2y_2 + \cdots + x_ny_n \\
&= (x_1, x_2, \cdots, x_n)\begin{pmatrix} y_1 \\ y_2 \\ \vdots \\ y_n \end{pmatrix}
\end{aligned}
$$

행렬의 합과 곱(product)의 정의에 의하면,

$$
\begin{gathered}
(x+y) \cdot z = (x+y)z^t = xz^t + yz^t = x \cdot z + y \cdot z \\
x \cdot x = xx^t = {x_1}^2 + {x_1}^2 + \cdots + {x_n}^2 \geq 0
\end{gathered}
$$

특히, $x, y = 0$이면 모든 $x_i = 0, 1 \leq i \leq n$

【정리】 5.4.4

내적 < , >에 있어서 다음의 성질이 성립한다.

(1) $< u, O > = < O, u > = 0$

(2) $< u, v+w > = < u, v > + < u, w >$

(3) $< u, kv > = k < u, v >, \ k \in R$

[증명]

(1)조건 (2)와 (3)에 따르면,

$$\begin{aligned} <O, u> &= <v-v, u> = <v, u> + <-v, u> \\ &= <v, u> + (-1) <v, u> = <v, u> - <v, u> \\ &= 0 \end{aligned}$$

(2)와 (3)은 내적 $<, >$의 대칭법칙을 갖는다는 사실에서 분명하다.

내적공간 V 의 임의 벡터 u에 대하여 내적의 값의 제곱근 $\sqrt{<u,u>}$ 은 조건 (4)에 의하여 의미를 갖는다. 이 값을 벡터 **u의 노름**(norm)이라 하고 다음과 같이 표시한다.

$$\| u \| = \sqrt{<u, u>}$$

벡터 u, v에서 $u-v$의 노름 $\| u-v \|$를 벡터 u와 v의 거리(distance)라 하고, $d(u,v) = \| u-v \|$ 으로 나타낸다. 유클리드공간 R^n 에서 노름과 거리는 다음과 같음을 알 수 있다.

$$\| x \| = \| (x_1, x_2, \cdots, x_n) \| = \sqrt{{x_1}^2 + {x_2}^2 + \cdots + {x_n}^2}$$

$$\| (x_1, x_2, \cdots, x_n) - (y_1, y_2, \cdots, y_n) \|$$

$$= d(x-y) = \sqrt{(x_1-y_1)^2 + (x_2-y_2)^2 + \cdots + (x_n-y_n)^2}$$

【예제】 5.4.5

다음과 같이 주어진 함수 $<,>': R^2 \to R$은 내적이다.

$$\langle (x_1, y_1), (x_2, y_2) \rangle' = 2x_1x_2 + 5y_1y_2$$

이 때, 벡터 $(1, -1)$의 노름을 구하여라. 또, (1, 1)과 (2, 2)의 거리를 구하고 유클리드 내적인 경우와 비교하여라.

[풀이]

$<,>'$이 내적의 조건을 만족하는가 확인하여 보자.

$X_1 = (x_1, y_1)$, $X_2 = (x_2, y_2)$, $X_3 = (x_3, y_3)$과 $k \in R$ 에 대하여,

$$\begin{aligned} \langle X_1, X_2 \rangle' &= 2x_1x_2 + 5y_1y_2 \\ &= 2x_2x_1 + 5y_2y_1 \\ &= \langle X_2, X_1 \rangle' \end{aligned}$$

$$\begin{aligned} \langle X_1 + X_2, X_3 \rangle' &= \langle (x_1 + x_2, y_1 + y_2), (x_3, y_3) \rangle' \\ &= 2(x_1 + x_2)x_3 + 5(y_1 + y_2)y_3 \\ &= (2x_1x_3 + 5y_1y_3) + (2x_2x_3 + 5y_2y_3) \\ &= \langle X_1, X_3 \rangle' + \langle X_2, X_3 \rangle' \end{aligned}$$

$X = (x, y) \in R^2$에 대하여 $< X, X >' = 2x^2 + 5y^2 \geq 0$
또한, $x = y = 0$일 때 한하여 $< X, X >' = 2x^2 + 5y^2 = 0$
이것으로 내적임이 확인되었다. 내적 $<,>'$에 관한 $X = (x, y)$의 노름은

$$< X, X >' = 2x^2 + 5y^2$$

$X = (x, y)$, $Y = (x', y')$의 거리 $d(X, Y)$는

$$\begin{aligned} d(X, Y) &= \| X - Y \| = \| (x - x', y - y') \| \\ &= \sqrt{\langle (x - x', y - y'), (x - x', y - y') \rangle'} \\ &= \sqrt{2(x - x')^2 + 5(y - y')^2} \end{aligned}$$

따라서,

$\| X \| = \sqrt{2x^2 + 5y^2}$

특히, $X = (1, -1)$이면,

$$\| (1, -1) \| = \sqrt{2(1)^2 + 5(-1)^2} = \sqrt{7}$$

(1,1)과 (2,2)의 거리는

$$d((1,1), (2,2)) = \sqrt{2(1-2)^2 + 5(1-2)^2} = \sqrt{7}$$

Euclid 공간 R^n에서의 (1, -1)의 노름은 $\sqrt{2}$이고,

$$d((1,1), (2,2)) = \sqrt{(-1)^2 + (-1)^2} = \sqrt{2}$$ 이다.

벡터의 크기나 거리는 절대적인 것이 아니다. 내적이 어떻게 정의되었는가에 따라서 달라짐을 보았다. 이러한 생각은 수학의 묘미로서 깊은 사고를 요구한다. R^2나 R^3공간에서와 마찬가지로 벡터 u, v의 내적이 0일 때, 이들은 **서로 수직**(orthogonal, perpendicular)이라 한다.

【정리】 5.4.5

내적공간 V 의 원소 **u, v**에 있어서 다음 부등식이 성립한다.

(1) $|\langle u, v \rangle| \leq \| u \| \| v \|$ 단, 등호는 적당한 스칼라 α에 대하여 $u = \alpha v$ 이거나 $v = \alpha u$일 때만 성립한다.

(2) $\| u + v \| \leq \| u \| + \| v \|$

[증명]

(1) **u**=0일 때, $\| u \| = 0$이므로 분명하다. $u \neq 0$가 아닐 때는 정의에 따르면, $\| u \| \neq 0$, 임의의 실수 α에 대하여

$$\begin{aligned} 0 \le \| \alpha u + v \|^2 &= \langle \alpha u + v, \alpha u + v \rangle \\ &= \langle \alpha u, \alpha u \rangle + \langle \alpha u, v \rangle + \langle v, \alpha u \rangle + \langle v, v \rangle \\ &= \alpha^2 \| u \|^2 + 2\alpha \langle u, v \rangle + \| v \|^2 \end{aligned}$$

[1] 이기 위하여 α에 관한 판별식이 양이 아니다. 즉

$$\langle u, v \rangle^2 - \| u \|^2 \| v \|^2 \le 0$$

따라서,

$$\langle u, v \rangle^2 \le \| u \|^2 \| v \|^2$$

양변에 제곱근을 취하면,

$$|\langle u, v \rangle| \le \| u \| \, \| v \|$$

식[1]에 $\alpha = \mp \dfrac{\| v \|}{\| u \|}$ 를 대입하면

$0 \le \| \alpha u + v \|^2 = 2\dfrac{\| v \|}{\| u \|}(\| u \| \, \| v \| \mp \langle u, v \rangle) = 0$ 를 얻는다.

따라서 정의7의 (4)에 의하여 $\mp \dfrac{\| v \|}{\| u \|} u + v = 0$ 이다.

(2)식 [1]와 (1)의 부등식으로부터

$$\begin{aligned} \| u + v \|^2 &= \| u \|^2 + 2\langle u, v \rangle + \| v \|^2 \\ &\le \| u \|^2 + 2\| u \| \, \| v \| + \| v \|^2 = (\| u \| + \| v \|)^2 \end{aligned}$$

따라서, $\|u+v\| \le \|u\| + \|v\|$ 이 성립한다.

내적공간 V와 내적 < , >의 0이 아닌 벡터 **u, v**의 사잇각(angle)를 내적을 써서 다음과 같이 정의한다.

$$\cos\theta = \frac{\langle u, v\rangle}{\|u\| \ \|v\|}, \quad 0 \le \theta \le \pi$$

정리 5.5의 (1)로부터

$$-1 \le \frac{\langle u, v\rangle}{\|u\| \ \|v\|} \le 1$$

따라서, 벡터 **u**와 **v**가 이루는 각 θ의 코사인의 값은 $-1 \le \cos\theta \le 1$ 특히, $\langle u, v\rangle = 0$이면, $\cos\theta = 0$이고 $\theta = \frac{\pi}{2}$이다. 역으로 $\theta = \frac{\pi}{2}$이면 $\cos\theta = 0$이고 $\langle u, v\rangle = 0$이다. 이 때, 벡터 **u**와 **v**는 수직(orthogonal, perpen-dicular)이라 하고 $u \perp v$으로 나타낸다.

【예제】 5.4.6

R^4공간의 두 벡터 $X=(1,1,1,-1)$, $Y=(2,2,3,1)$이 이루는 각을 구하여라.

[풀이]

$\|x\| = \sqrt{1^2+1^2+1^2+(-1)^2} = 2$, $\|y\| = \sqrt{2^2+2^2+3^2+1^2} = \sqrt{18}$,

$x \cdot y = 1\times2+1\times2+1\times3-1\times1 = 6$

이므로

$$\cos\theta = \frac{x \cdot y}{\|x\| \ \|y\|} = \frac{6}{6\sqrt{2}} = \frac{1}{\sqrt{2}}, \quad \theta = \frac{\pi}{4}$$

【예제】 5.4.7

$x=(1,-1,2)$, $y=(2,4,1)$은 R^3공간에서 수직임을 보여라.

[풀이]

$x \cdot y=(1,-1,2)\cdot(2,4,1)=1\times2-1\times4+2\times1=0$

이므로 $x\perp y$이다.

행렬 $A, B\in M_{2\times2}$에 대하여 내적을 다음과 같이 정의하자.

$$\langle A,B\rangle=\left\langle\begin{bmatrix}a_1 & a_2\\ a_3 & a_4\end{bmatrix},\begin{bmatrix}b_1 & b_2\\ b_3 & b_4\end{bmatrix}\right\rangle=a_1b_1+a_2b_2+a_3b_3+a_4b_4$$

【예제】 5.4.8

$\left\langle\begin{bmatrix}1 & 2\\ 3 & 4\end{bmatrix},\begin{bmatrix}-1 & 0\\ 3 & 2\end{bmatrix}\right\rangle=1(-1)+2(0)+3\times3+4\times2=16$ 이다.

【예제】 5.4.9

다음 행렬 A, B의 사잇각을 구하여라.

$$A=\begin{bmatrix}1 & 0\\ 1 & 1\end{bmatrix}\quad B=\begin{bmatrix}0 & 1\\ 1 & -1\end{bmatrix}$$

[풀이]

내적의 정의에 따르면

$$\cos\theta=\frac{A\cdot B}{\|A\|\ \|B\|}=\frac{1\times0+0\times1+1\times1+1\times(-1)}{\|A\|\ \|B\|}=0$$

따라서, $\theta=\frac{\pi}{2}$

【예제】 5.4.10

다항식 공간 P_2의 내적을 다음과 같이 정의하자.

$$\langle p, q\rangle = \int_{-1}^{1} p(x)q(x)dx$$

이 때, 다항식 $p(x)=x$, $q(x)=x^2$ 의 사잇각 θ를 구하여라.

[풀이]

내적의 정의에 의하면,

$$\| p \| = \sqrt{\langle p, p\rangle} = \left(\int_{-1}^{1} xxdx\right)^{1/2} = \sqrt{\frac{2}{3}}$$

$$\| q \| = \sqrt{\langle q, q\rangle} = \left(\int_{-1}^{1} x^2x^2dx\right)^{1/2} = \left(\int_{-1}^{1} x^4dx\right)^{1/2} = \sqrt{\frac{2}{5}}$$

$$\langle p, q\rangle = \int_{-1}^{1} xx^2dx = \int_{-1}^{1} x^3dx = 0$$

따라서

$$\cos\theta = \frac{0}{\sqrt{\frac{2}{3}}\sqrt{\frac{2}{5}}} = 0, \qquad \theta = \frac{\pi}{2}$$

이다.

〖정의〗 5.4.11

내적공간 V 의 0이 아닌 벡터로 이루어진 집합 $\{v_1, v_2, \cdots, v_n\}$ 이 있어서 $1 \le i \ne j \le n$에 대하여 $\langle v_i, v_j\rangle = 0$ 일 때, $\{v_1, v_2, \cdots, v_n\}$를 **직교집합**(orthogonal set)이라 한다. 특히 모든 $\| v_i \| = 1, i = 1, 2, \cdots, n$ 일 때 **정규직교집합**(orthonomal set)이라 한다.

표준기저 $\{e_1, e_2, \cdots, e_n\}$은 R^n공간의 정규직교기저를 이룬다. 0아닌 벡터 v를 $\| v \|$으로 나눈 새로운 벡터 $v / \| v \|$은 단위벡터가 된다. 직교기저를 얻은 후에 이들의 각각을 그 자신의 노름으로 나누면 정규직교기저를 찾게 된다.

【예제】 5.4.12

다음의 벡터 u_1, u_2, u_3, u_4는 **Euclid** 내적공간 R^4의 직교집합임을 보여라.

$$u_1 = (1, 0, 0, 1) \qquad u_2 = (-1, 0, 2, 1)$$
$$u_3 = (2, 3, 2, -2) \qquad u_4 = (-1, 2, -1, 1)$$

[풀이] $u_i \cdot u_j = 0,\ i, j = 1, 2, 3, 4$임을 보이면 된다. 예를 들면,

$$\begin{aligned} u_1 \cdot u_2 &= (1,0,0,1) \cdot (-1,0,2,1) \\ &= 1\times(-1)+0\times0+0\times2+1\times1 \\ &= 0 \end{aligned}$$

$$\begin{aligned} u_2 \cdot u_3 &= (-1,0,2,1) \cdot (2,3,2,-2) \\ &= (-1)\times2+0\times3+2\times2+1\times(-2) \\ &= 0 \end{aligned}$$

$$\begin{aligned} u_3 \cdot u_4 &= (2,3,2,-2) \cdot (-1,2,-1,1) \\ &= 2\times(-1)+3\times2+2\times(-1)+(-2)\times1 \\ &= 0 \end{aligned}$$

$$\begin{aligned} u_4 \cdot u_1 &= (-1,2,-1,1) \cdot (1,0,0,1) \\ &= (-1)\times1+2\times0+(-1)\times0+1\times1 \\ &= 0 \end{aligned}$$

【예제】 5.4.13

$\{v_1, v_2, \cdots, v_n\}$이 내적공간 V의 0이 아닌 정규직교집합이라고 하면 $v_1, v_2, \cdots, v_n$ 은 반드시 1차독립임을 보여라.

[풀이]

수 $\alpha_1, \alpha_2, \cdots, \alpha_n$에 있어서 $\alpha_1 v_1 + \alpha_2 v_2 + \cdots + \alpha_n v_n = 0$이라 하자.

임의의 $v_i, 1 \le i \le n$에 대하여

$$\begin{aligned} 0 = \langle 0, v_i \rangle &= \langle \alpha_1 v_1 + \alpha_2 v_2 + \cdots + \alpha_n v_n \rangle \\ &= \sum_{j=1}^{n} \alpha_j \langle v_j, v_i \rangle \\ &= \alpha_i \end{aligned}$$

이므로 $v_1, v_2, \cdots, v_n$이 1차독립이다.

【정리】 5.4.14

$\{v_1, v_2, \cdots, v_n\}$을 내적공간 V 의 정규직교집합이라 하자.
$v_1, v_2, \cdots, v_n$ 에 의하여 생성된 부분공간을 $W = \langle v_1, v_2, \cdots, v_n \rangle$이라 하면, V의 원소 v에 있어서 $v = w_1 + w_2$이 되는 벡터 $w_1 \in W$, $w_2 \in V$ 이 존재하여 $w_1 \perp w_2$이다.

[증명]

w_1과 w_2를 다음과 같이 놓자.

$$w_1 = \langle v_1, v_1 \rangle v_1 + \langle v_2, v_2 \rangle v_2 + \cdots + \langle v_n, v_n \rangle v_n$$

$$w_2 = v - w_1$$

그러면, $w_1 + w_2 = w_1 + (v - w_1) = v$

$$\begin{aligned}
\langle w_1, w_2 \rangle &= \langle v - w_1, w_1 \rangle = \langle v, w_1 \rangle - \langle w_1, w_1 \rangle \\
&= \sum_{i=1}^{n} \langle v, v_i \rangle \langle v, v_i \rangle - \left\langle \sum_{i=1}^{n} \langle v, v_i \rangle v_i, \sum_{j=1}^{n} \langle v, v_j \rangle v_j \right\rangle \\
&= \sum_{i=1}^{n} \langle v, v_i \rangle^2 - \sum_{i=1}^{n} \langle v, v_i \rangle \langle v, v_i \rangle \langle v, v_i \rangle \\
&= \sum_{i=1}^{n} \langle v, v_i \rangle^2 - \sum_{i=1}^{n} \langle v, v_i \rangle^2 \\
&= 0
\end{aligned}$$

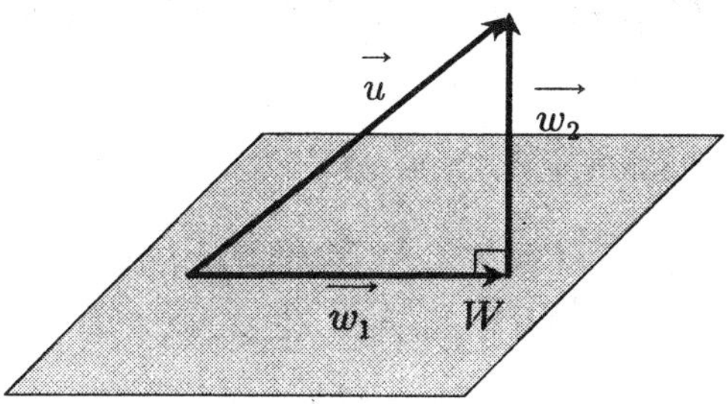

[그림5.4.1]

위의 예를 R^3 공간에 도시하면 위의 [그림5.4.1]과 같다. 벡터 w_1을 평면 W위의 v의 **직교사영**(orthogonal projection)이라 하며, w_2를 평면 W에 관한 v의 **직교성분**(orthogonal component)이라 부른다.

【예제】 5.4.15

$v_1=(0,1,0)$과 $v_2=\left(-\frac{4}{5},0,\frac{3}{5}\right)$에 의하여 생성된 공간 W에 관한 벡터 $v=(1,1,1)$의 직교사영과 직교성분을 구하여라.

[풀이]

위 정리에 의하면

$$\begin{aligned} w_1 &= \langle v, v_1\rangle v_1+\langle v, v_2\rangle v_2 \\ &= (1)(0,1,0)+\left(-\frac{1}{5}\right)\left(-\frac{4}{5},0,\frac{3}{5}\right) \\ &= \left(\frac{4}{25},1,-\frac{3}{25}\right) \end{aligned}$$

$$w_2=v-w_1=(1,1,1)-\left(\frac{4}{25},1,-\frac{3}{25}\right)=\left(\frac{21}{25},0,\frac{28}{25}\right)$$

〚정리〛 5.4.16

(Gram-Schmidt Process) $\{u_1,u_2,\cdots,u_n\}$을 내적공간 V의 기저라고 하자. 다음과 같이 주어진 벡터 $v_1,v_2,\cdots,v_n$ 은 정규직교기저이다.

$$v_1=\frac{u_1}{\|u_1\|},$$
$$v_2=\frac{u_2-\langle u_2,v_1\rangle v_1}{\|u_2-\langle u_2,v_1\rangle v_1\|},\cdots$$
$$v_n=\frac{u_n-\sum_{i=1}^{n-1}\langle u_n,v_i\rangle v_i}{\left\|u_n-\sum_{i=1}^{n-1}\langle u_n,v_i\rangle v_i\right\|}$$

$v_1, v_2, \cdots, v_n$은 단위벡터이고 이들은 서로 수직임을 쉽게 확인할 수 있다. 정규직교기저는 벡터공간의 직교축을 구하는 데 쓰인다.

【예제】 5.4.17

다음 R^3의 벡터집합 $\{(-1,0,1),(1,1,0),(1,-1,1)\}$으로부터 정규직교기저를 구하여라.

[풀이]

우선 $\{(-1,0,1),(1,1,0),(1,-1,1)\}$이 R^3의 기저임을 보이자.

수 x, y, z가 있어서,

즉, $$x(-1,0,1)+y(1,1,0)+z(1,-1,1)=(0,0,0)$$
$$(-x,0,x)+(y,y,0)+(z,-z,z)=(0,0,0)$$

그러면, $$\begin{aligned} -x+y+z&=0 \\ y-z&=0 \\ x\quad\ +z&=0 \end{aligned}$$

이 연립방정식의 해를 구하면 $x=y=z=0$.

R^3의 임의의 벡터 (a,b,c)에 대하여 다음의 성질을 갖는 상수 x, y, z가 있는가 보자.

$$(a,b,c)=x(-1,0,1)+y(1,1,0)+z(1,-1,1)$$
$$(a,b,c)=(-x+y+z,\ y-z,\ x+z)$$

따라서, $$\begin{aligned} -x+y+z&=a \\ y-z&=b \\ x\quad\ +z&=c \end{aligned}$$

위의 연립방정식의 해를 구하면

$$
\begin{aligned}
x &= \frac{-a+b-c}{3} \\
y &= \frac{a+2b+c}{3} \\
z &= \frac{a-b+c}{3}.
\end{aligned}
$$

Gram-Schmidt의 정규직교화법에 의하여
$u_1=(-1,0,1)$, $u_2=(1,1,0)$, $u_3=(1,-1,1)$로부터 정규직교기저를 구한다.

$$
v_1 = \frac{u_1}{\| u_1 \|}
$$

$$
\| u_1 \| = \sqrt{(-1)^2+0^2+1^2} = \sqrt{2}
$$

따라서,
$$
v_1 = \frac{1}{\sqrt{2}}(-1,0,1)
$$

$$
v_2 = \frac{u_2 - \langle u_2, v_1 \rangle v_1}{\| u_2 - \langle u_2, v_1 \rangle v_1 \|}
$$

$$
\begin{aligned}
u_2 - \langle u_2, v_1 \rangle v_1 &= (1,1,0) - \left\langle (1,1,0), \frac{1}{\sqrt{2}}(-1,0,1) \right\rangle \left(\frac{-1}{\sqrt{2}}, 0, \frac{1}{\sqrt{2}} \right) \\
&= (1,1,0) + \left(-\frac{1}{2}, 0, \frac{1}{2} \right) \\
&= \left(\frac{1}{2}, 0, \frac{1}{2} \right)
\end{aligned}
$$

$$
\begin{aligned}
\| u_2 - \langle u_2, v_1 \rangle v_1 \| &= \sqrt{\left(\frac{1}{2}\right)^2 + 1^2 + \left(\frac{1}{2}\right)^2} \\
&= \sqrt{\frac{3}{2}}.
\end{aligned}
$$

따라서,
$$
v_2 = \frac{\left(\frac{1}{2}, 1, \frac{1}{2} \right)}{\sqrt{\frac{3}{2}}} = \frac{1}{\sqrt{6}}(1,2,1)
$$

$$
v_3 = \frac{u_3 - \langle u_3, v_2 \rangle v_2 - \langle u_3, v_1 \rangle v_1}{\| u_3 - \langle u_3, v_2 \rangle v_2 - \langle u_3, v_1 \rangle v_1 \|}
$$

에서

$$\begin{aligned} u_3 &- \langle u_{3,} v_2 \rangle v_2 - \langle u_3, v_1 \rangle v_1 \\ &= (1,-1,1) - \left[(1,-1,1) \cdot \frac{1}{\sqrt{6}}(1,2,1)\right]\left(\frac{1}{\sqrt{6}}(1,2,1)\right) \\ &\quad - \left[(1,-1,1) \cdot \frac{1}{\sqrt{2}}(-1,0,1)\right]\left(\frac{1}{\sqrt{2}}(-1,0,1)\right) \\ &= (1,-1,1). \end{aligned}$$

따라서, $v_3 = \frac{1}{\sqrt{3}}(1,-1,1)$

【유제】 5.4.18

R^3가 표준내적을 가질 때, 다음 벡터집합

$\{(1,1,1),(0,1,1),(0,0,1)\}$

으로부터 이 공간의 정규직교기저를 구하여라.

정답.

$$v_1 = \frac{1}{\sqrt{3}}(1,1,1)\ ,\ v_2 = \frac{1}{\sqrt{6}}(-2,1,1)\ ,\ v_3 = \left(0,-\frac{1}{\sqrt{2}},\frac{1}{\sqrt{2}}\right)$$

【예제】 5.4.19

내적 <, >이 다음과 같이 주어진 다항식공간 P_2의 표준기저 $\{1,x,x^2\}$으로부터 정규직교기저를 구하여라.

$$\langle p,q \rangle = \int_0^1 p(x)q(x)dx$$

[풀이]

$u_1 = 1, u_2 = x, u_3 = x^2$이라 놓고 Gram-Schmidt의 정규직교화법을 쓴다.

$$\| u_1 \| = \left(\int_0^1 dx \right)^{1/2} = \left([x]_0^1 \right)^{1/2} = 1$$

이므로 $v_1 = 1$ 이고

$$v_2 = \frac{u_2 - \langle u_2, v_1 \rangle v_1}{\| u_2 - \langle u_2, v_1 \rangle v_1 \|}$$

에서

$$\begin{aligned} u_2 - \langle u_2, v_1 \rangle v_1 &= x - \langle x, 1 \rangle 1 = x - \left(\int_0^1 x(1) dx \right)(1) \\ &= x - \int_0^1 x dx = x - \left[\frac{1}{2} x^2 \right]_0^1 \\ &= x - \frac{1}{2} \end{aligned}$$

$$\| u_2 - \langle u_2, v_1 \rangle v_1 \| = \left\| x - \frac{1}{2} \right\| = [\int_0^1 (x - \frac{1}{2})^2]^{\frac{1}{2}} dx = \frac{1}{2\sqrt{3}}.$$

그러므로, $\quad v_2 = 2\sqrt{3}(x - \frac{1}{2})$

$$v_3 = \frac{u_3 - \langle u_3, v_2 \rangle v_2 - \langle u_3, v_1 \rangle v_1}{\| u_3 - \langle u_3, v_2 \rangle v_2 - \langle u_3, v_1 \rangle v_1 \|}$$

그러면,

$$\begin{aligned} & u_3 - \langle u_3, v_2 \rangle v_2 - \langle u_3, v_1 \rangle v_1 \\ = \; & x^2 - \left\langle x^2, 2\sqrt{3}(x - \frac{1}{2}) \right\rangle 2\sqrt{3}(x - \frac{1}{2}) - \langle x^2, 1 \rangle 1 \\ = \; & x^2 - 12 \left(\int_0^1 (x^2)(x - \frac{1}{2}) dx \right)(x - \frac{1}{2}) - \left(\int_0^1 (x^2)(1) dx \right)(1) \\ = \; & x^2 - (12x - 6) \left(\left[\frac{1}{4} x^4 - \frac{1}{6} x^3 \right]_0^1 \right) - \left(\left[\frac{1}{3} x^3 \right]_0^1 \right) \\ = \; & x^2 - \frac{1}{12}(12x - 6) - \frac{1}{3} = x^2 - x + \frac{1}{6} \end{aligned}$$

또한,

$$\| u_3 - \langle u_3, v_2 \rangle v_2 - \langle u_3, v_1 \rangle v_1 \| = \left[\int_0^1 \left(x^2 - x + \frac{1}{6}\right)\left(x^2 - x + \frac{1}{6}\right)dx\right]^{1/2}$$
$$= \left[\int_0^1 \left(x^4 - 2x^3 + \frac{4}{3}x^2 - \frac{1}{3}x + \frac{1}{36}\right)dx\right]^{1/2}$$
$$= \left(\left[\frac{1}{5}x^5 - \frac{1}{2}x^4 + \frac{4}{9}x^3 - \frac{1}{6}x^2 + \frac{1}{36}\right]_0^1\right)^{1/2}$$
$$= \left(\frac{1}{5} - \frac{1}{2} + \frac{4}{9} - \frac{1}{6} + \frac{1}{36}\right)^{1/2} = \frac{1}{\sqrt{1}}$$

따라서,

$$v_3 = \sqrt{180}\left(x^2 - x + \frac{1}{6}\right) = 6\sqrt{5}\left(x^2 - x + \frac{1}{6}\right).$$

【유제】 5.4.20

내적 <, >이 다음과 같이 주어진 다항식공간 P_2의 표준기저 $\{1, x, x^2\}$으로부터 정규직교기저를 구하여라.

$$\langle p, q \rangle = \int_{-1}^{1} p(x)q(x)dx$$

정답.

$$v_1 = \frac{1}{\sqrt{2}}, \quad v_2 = \frac{\sqrt{3}}{\sqrt{2}}x, \quad v_3 = \frac{3\sqrt{10}}{4}(x^2 - \frac{1}{3})$$

5.4 연습문제

1. 표준내적을 갖는 2-공간의 기저 $u_1 = (1, -3)$, $u_2 = (2, 2)$가 주어질 때, 정규 직교기저를 구하여라.

2. 표준내적을 갖는 3-공간의 기저
$u_1 = (1, 1, 1)$, $u_2 = (0, 1, 1)$, $u_3 = (0, 0, 1)$가 주어질 때,
정규 직교기저를 구하여라.

3. P_2 내의 내적을 $x_1 = -1$, $x_2 = 0$, $x_3 = 1$ 에 대하여
$< p, q > = \sum_{i=1}^{3} p(x_i)q(x_i)$ 로 정의 할 때, P_2 의 기저 $\{1, x, x^2\}$ 에
대한 정규 직교기저를 구하여라.

정답.

1. $v_1 = \left(\frac{1}{\sqrt{10}}, -\frac{3}{\sqrt{10}}\right)$, $v_2 = \left(\frac{3}{\sqrt{10}}, \frac{1}{\sqrt{10}}\right)$

2. $v_1 = \left(\frac{1}{\sqrt{3}}, \frac{1}{\sqrt{3}}, \frac{1}{\sqrt{3}}\right)$, $v_2 = \left(-\frac{2}{\sqrt{6}}, \frac{1}{\sqrt{6}}, \frac{1}{\sqrt{6}}\right)$, $v_3 = \left(0, -\frac{1}{\sqrt{2}}, \frac{1}{\sqrt{2}}\right)$

3. $v_1 = \frac{1}{\sqrt{3}}$, $v_2 = \frac{x}{\sqrt{2}}$, $v_3 = \frac{\sqrt{6}}{2}\left(x^2 - \frac{2}{3}\right)$

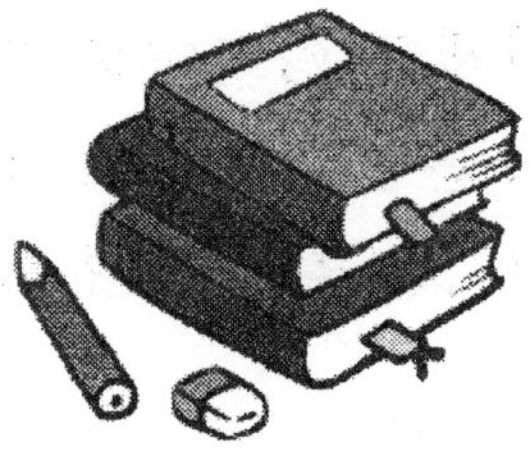

제6장 행렬의 대각화

6.1 고유값과 고유벡터

연립미분방정식의 해를 구하거나, 인구 모형, 추이모형, 경제모형 및 기하학의 좌표변환 등에서 선형변형을 하고 난 후에도 방향은 변하지 않고 크기만 변하는 벡터가 있는데 이런 벡터는 이론 및 응용 분야에서 매우 중요한 역할을 하는데, 고유치문제란 n차 정사각행렬 A 와 해벡터 X와의 곱이 스칼라 λ와 해벡터 X의 곱과 같아지는 스칼라 λ와 해벡터 X를 구하는 것이다.

【정의】 6.1.1

$n \times n$실행렬 A 에 대하여

$$AX = \lambda X, \ X \neq O$$

을 만족시키는 벡터 $X \in R^n$ 가 존재할 때, 스칼라 λ를 행렬 A의 **고유값**(eigen value)또는 **특성값**(characteristic value)이라 하고, 이때 고유값 λ에 대응하는 O이 아닌 벡터 X 를 **고유벡터**(eigenvector)또는 **특성벡터**(characteristic vector) 라 한다. 이러한 고유값 의 집합을 A의 **스펙트럼**(spectrum)이라 부르며 A의 고유값 중 절대값이 가장 큰 값을 A의 **스펙트럼 반지름**(spectrum radius)

이라 한다. 또한 고유값 λ에 대응하는 고유벡터 전체와 영벡터로 이루어진 집합 $V_\lambda = \{X \in R^n \mid AX = \lambda X\}$ 는 R^n 공간의 부분공간을 이룬다. 이러한 V_λ를 고유값 λ에 대응하는 행렬의 A의 **고유공간**(eigen space)이라 한다.

고유값의 문제는 결국 다음 관계가 있는 수 λ와 벡터 X 를 구하는 문제로 귀착된다.

$$\begin{pmatrix} a_{11} & a_{12} & \cdots & a_{1n} \\ a_{21} & a_{22} & \cdots & a_{2n} \\ \vdots & \vdots & & \vdots \\ a_{n1} & a_{n2} & \cdots & a_{nn} \end{pmatrix} \begin{pmatrix} x_1 \\ x_2 \\ \vdots \\ x_n \end{pmatrix} = \lambda \begin{pmatrix} x_1 \\ x_2 \\ \vdots \\ x_n \end{pmatrix}$$

$$AX = \lambda X, \qquad AX = \lambda IX, \qquad (A - \lambda I)X = 0.$$

이러한 동차연립방정식 $(A - \lambda I)X = 0$이 의미있는 $(X \neq O)$ 해를 가지려면 계수행렬의 행렬식 $\det(A - \lambda I) = |A - \lambda I| = 0$ 이다. 즉,

$$|A - \lambda I| = \begin{vmatrix} (a_{11} - \lambda) & a_{12} & \cdots & a_{1n} \\ a_{21} & (a_{22} - \lambda) & \cdots & a_{2n} \\ \vdots & & & \vdots \\ a_{n1} & a_{n2} & \cdots & (a_{nn} - \lambda) \end{vmatrix} = 0.$$

이 때

$$P_A(\lambda) = |A - \lambda I|$$

를 **고유다항식**(characteristic polynomial)또는 **특성다항식**이라 하며

$$P_A(\lambda) = 0$$

를 **고유방정식**(characteristic equation)또는 **특성방정식**이라 한다.

그리고 고유방정식의 해(근)를 고유값이라 하고 이 고유값들에 대한 고유벡터를 구하기 위해서 고유값을 $AX=\lambda X$ 에 대입하여 구한 해벡터가 곧 고유벡터이다. 고유벡터는 한가지 값으로 결정되지 않고 무수히 많은 해를 갖는다.

【예제】 6.1.2

행렬 $A=\begin{pmatrix} 1 & 2 \\ 3 & 2 \end{pmatrix}$의 고유값과 고유벡터, 고유공간을 구하여라.

[풀이]

행렬 A의 고유방정식을 구하면

$$\begin{vmatrix} 1-\lambda & 2 \\ 3 & 2-\lambda \end{vmatrix} = \lambda^2-3\lambda-4=(\lambda+1)(\lambda-4)=0$$

이므로 행렬 A의 고유값은 $\lambda=4,-1$이다.

고유값 $\lambda=4$에 대응하는 고유벡터는 $X_1=(x_1,\, x_2)^T$에 대하여

$$AX_1=\begin{pmatrix} 1 & 2 \\ 3 & 2 \end{pmatrix}\begin{pmatrix} x_1 \\ x_2 \end{pmatrix}=4\begin{pmatrix} x_1 \\ x_2 \end{pmatrix}=4X_1$$

으로 부터 $\begin{pmatrix} x_1+2x_2 \\ 3x_1+2x_2 \end{pmatrix}=\begin{pmatrix} 4x_1 \\ 4x_2 \end{pmatrix}$

이므로 방정식 $x_1+2x_2=4x_1,\ 3x_1+2x_2=4x_2$을 연립하여 풀면 얻어진다. 따라서 고유값 $\lambda=4$에 대응하는 고유벡터는 0이 아닌 α에 대하여 $X_1=\alpha(2,3)^T$ 이고, 또한 $V_4=\langle(2,\,3)^T\rangle$ 이다.

$\lambda=-1$에 대응하는 고유벡터 $X_2=(x_1,\ x_2)^T$에 대하여

$$AX_2=\begin{pmatrix}1 & 2\\3 & 2\end{pmatrix}\begin{pmatrix}x_1\\x_2\end{pmatrix}=(-1)\begin{pmatrix}x_1\\x_2\end{pmatrix}=(-1)X_2$$

으로부터 $\begin{pmatrix}x_1+2x_2\\3x_1+2x_2\end{pmatrix}=\begin{pmatrix}-x_1\\-x_2\end{pmatrix}$ 이므로 방정식

$x_1+2x_2=-x_1,\ 3x_1+2x_2=-x_2$ 을 연립하여 풀면, 고유값 $\lambda=-1$에 대응하는 고유벡터는 0이 아닌 β에 대하여 $X_2=\beta(1,-1)^T$ 이다. 또한 고유공간은 $V_{-1}=\langle(1,-1)^T\rangle$이다.

【유제】 6.1.3

행렬 $A=\begin{pmatrix}-5 & 2\\2 & -2\end{pmatrix}$의 고유값과 고유공간을 구하여라.

정답.

고유값 : $-1,-6$ 고유공간: $V_{-1}=\langle(1,2)^t\rangle$ $V_{-6}=\langle(2,-1)^t\rangle$

【예제】 6.1.4

다음 대칭행렬 B 의 고유값, 고유벡터, 고유공간을 구하여라. 또 서로 다른 고유공간에 속한 고유벡터들은 직교함을 보여라.

$$B=\begin{pmatrix}3 & -2 & 0\\-2 & 3 & 0\\0 & 0 & 5\end{pmatrix}$$

[풀이]

주어진 행렬 B 와 관련된 고유방정식

$$\begin{vmatrix} 3-\lambda & -2 & 0 \\ -2 & 3-\lambda & 0 \\ 0 & 0 & 5-\lambda \end{vmatrix} = (1-\lambda)(5-\lambda)^2 = 0$$

이므로 고유값은 $\lambda=1, \lambda=5$ 이다.

고유값 $\lambda=1$에 대응하는 고유벡터 $X_1=(x_1, x_2, x_3)^T$ 는 다음 연립방정식의 근이다.

$$3x_1-2x_2=x_1, \qquad -2x_1+3x_2=x_2, \qquad 5x_3=x_3$$

이 방정식을 풀면 $x_2=x_1, x_3=0$ 이므로 고유값 $\lambda=1$에 대응하는 고유벡터는 0이 아닌 α에 대하여 $X_1=\alpha(1,1,0)^T$ 이다. 또한 고유공간은 $V_1=\langle(1,1,0)^T\rangle$ 이고, 고유공간의 차원은 $\dim V_1=1$이다.
고유값 $\lambda=5$에 대응하는 고유벡터 $X_2=(x_1, x_2, x_3)^T$ 는 다음 연립방정식의 근이다.

$$3x_1-2x_2=5x_1, \qquad -2x_1+3x_2=5x_2, \qquad 5x_3=5x_3$$

이 방정식을 풀면 $x_2=x_1$, $x_3\in R$ 이므로 고유값 $\lambda=5$ 에 대응하는 고유벡터는 동시에 0이 아닌 α, β에 대하여 $X_2=(\alpha,-\alpha,\beta)^T$ 이다.
따라서 고유공간은 $V_5=\langle(1,-1,0)^T, (0,0,1)^T\rangle$이고 $\dim V_5=2$ 이다.
또한 V_1의 기저집합 $\{(1,1,0)^T\}$ 의 벡터는 V_5 의 기저집합 $\{(1,-1,0)^T, (0,0,1)^T\}$ 의 벡터와 서로 직교함을 알 수 있다. 마찬가지로 서로 다른 고유공간에 속한 임의의 벡터들은 서로 직교한다. 이는 대칭행렬에 관한 고유벡터의 중요한 성질이다.

【유제】 6.1.5

다음 행렬 B 의 고유값, 고유벡터, 고유공간을 구하여라

$$B=\begin{pmatrix} -2 & 2 & -3 \\ 2 & 1 & -6 \\ -1 & -2 & 0 \end{pmatrix}$$

정답.

(1)고유값: $\lambda = 5, -3$(중근)

(2)고유공간; $V_5 = \langle (1,\ 2, -1)^T \rangle$,

$V_{-3} = \langle (-2, 1, 0)^T,\ (3, 0, 1)^T \rangle$

1.2 연습문제

1. 다음 2×2행렬들의 고유값과 고유공간을 구하여라.

(1) $A=\begin{pmatrix}1&0\\3&2\end{pmatrix}$ (2) $B=\begin{pmatrix}3&8\\0&-1\end{pmatrix}$ (3) $C=\begin{pmatrix}-2&1\\-7&2\end{pmatrix}$

2. 다음 3×3행렬들의 고유값과 고유공간을 구하여라.

(1) $A=\begin{pmatrix}1&2&1\\6&-1&0\\-1&-2&-1\end{pmatrix}$ (2) $B=\begin{pmatrix}1&3&2\\2&1&0\\0&4&-4\end{pmatrix}$

(3) $C=\begin{pmatrix}15&0&-25\\-2&-5&0\\5&5&-10\end{pmatrix}$

정답

1. (1) 고유값 1, 2
2. (1) 고유값 0, 3, -4

고유공간 $V_0=\langle(1,6,-13)^T\rangle$,

$V_3=\langle(2,3,-2)^T\rangle$,

$V_{-4}=\langle(-1,2,1)^T\rangle$

6.2 행렬의 대각화

$n \times n$행렬A에 대해서, A^n 을 계산하거나, 연립미분방정식의 해를 구하고자 할 때, 행렬의 대각화는 이용되며, 고유값과 고유벡터를 이용하여 주어진 행렬을 대각행렬로 변환시키는 문제에 대하여 살펴보도록 한다.

【정의】 6.2.1

A와 B가 모두 $n \times n$행렬이라 하자.

(1) $B = P^{-1}AP$를 만족하는 가역행렬 P가 존재할 때 행렬 B를 A와 **닮음 행렬**(similar matrix)이라고 한다.

(2) 행렬A와 닮은 행렬인 대각행렬 D가 존재 하면 행렬 A는 **대각화 가능 행렬**(diagonalizable matrix)이라고 한다.

【예제】 6.2.2

다음 두행렬은 닮음행렬이다.

$$A = \begin{pmatrix} 4 & -2 \\ 2 & 1 \end{pmatrix}, \quad B = \begin{pmatrix} 3 & -2 \\ 1 & 2 \end{pmatrix}$$

[풀이]

$A = \begin{bmatrix} 4 & -2 \\ 2 & 1 \end{bmatrix}$과 $B = \begin{bmatrix} 3 & -2 \\ 1 & 2 \end{bmatrix}$는 가역행렬 $P = \begin{bmatrix} 1 & -1 \\ 1 & 0 \end{bmatrix}$가 존재하여

$$B = P^{-1}AP$$

가 성립한다. 따라서 위의 정의에 의해서 B는 A와 닮음행렬임을 알 수 있다.

【예제】 6.2.3

다음 행렬 $\begin{pmatrix} 1 & 1 \\ -2 & 4 \end{pmatrix}$은 대각행렬임을 보여라.

$$A=\begin{pmatrix} 1 & 1 \\ -2 & 4 \end{pmatrix},\ P=\begin{pmatrix} 1 & 1 \\ 1 & 2 \end{pmatrix},\ B=\begin{pmatrix} 2 & 0 \\ 0 & 3 \end{pmatrix}\text{이면,}$$

$$P^{-1}AP=\begin{pmatrix} 2 & -1 \\ -1 & 1 \end{pmatrix}\begin{pmatrix} 1 & 1 \\ -2 & 4 \end{pmatrix}\begin{pmatrix} 1 & 1 \\ 1 & 2 \end{pmatrix}=\begin{pmatrix} 2 & 0 \\ 0 & 3 \end{pmatrix}=B$$

이므로 행렬 A는 대각화 가능 행렬이다.

〖정리〗 6.2.4

A, B, C가 모두 $n\times n$정사각행렬일 때, 다음이 성립된다.

(1) A는 A와 닮음 행렬이다.
(2) B가 A와 닮음행렬이면, A도 B와 닮음 행렬이다.
(3) A가 B와 닮음행렬이고, B가 C와 닮음행렬이면, A는 C와 행렬이다.

[증명]

(1) $A=I^{-1}AI$이므로 A와 닮음행렬이다.

(2)가정에 의해서 $B=P^{-1}AP$이므로 $A=(P^{-1})^{-1}BP^{-1}$로 쓸 수 있다. 여기서 P가 가역이고 P^{-1}도 가역이므로 A도 B와 닮음 행렬이다.

(3) $A=P^{-1}BP$이고 $B=Q^{-1}CQ$이므로
$A=P^{-1}(Q^{-1}CQ)P=(QP)^{-1}C(QP)$

이다. P와 Q가 가역이므로 QP는 가역이다. 따라서 A는 C와 닮음행렬이다.

이제는 고유값, 고유벡터와 대각화 가능 행렬과의 관계를 살펴보자.

【정리】 6.2.6

$n \times n$행렬 A가 대각화 가능일 필요충분조건은 A가 n개의 1차 독립인 고유벡터를 갖는 것이다. 이 경우 행렬 A의 주대각선 원소들이 A의 고유값으로 되어 있는 행렬 D와 닮음행렬이다.

위의 정리로부터 대각화 가능한 **행렬의 대각화 순서**를 정리하면 다음과 같다.

(1) 주어진 행렬 A에 대한 1차독립인 고유벡터를 구한다.

(2) 고유벡터들을 열벡터로 갖는 행렬 P를 만든다.

(3) $P^{-1}AP = D$를 계산한다.

【예제】 6.2.7

다음 행렬을 위의 과정을 통해서 대각화하여 보자.

[풀이]

행렬 $A = \begin{pmatrix} -3 & 1 \\ 1 & -3 \end{pmatrix}$의 고유값을 구하면

$$\det(A - \lambda I) = \begin{vmatrix} -3-\lambda & 1 \\ 1 & -3-\lambda \end{vmatrix} = (\lambda+4)(\lambda+2)$$

이다. 따라서 $\lambda_1 = -2$, $\lambda_2 = -4$이다. $\lambda_1 = -2$에 대응하는 고유벡터는

$$P_1 = \begin{pmatrix} 1 \\ 1 \end{pmatrix}$$

이고, $\lambda_2 = -4$에 대응하는 고유벡터는

$$P_2 = \begin{pmatrix} 1 \\ -1 \end{pmatrix}$$

이다. $\{P_1, P_2\}$는 1차독립으로 $P = \begin{pmatrix} 1 & 1 \\ 1 & -1 \end{pmatrix}$ 이고

$$P^{-1}AP = \begin{pmatrix} -2 & 0 \\ 0 & -4 \end{pmatrix} = D$$ 를 얻는다.

【유제】 6.2.8

다음 행렬 A가 대각화 가능하면 대각화하여라.

$$A = \begin{pmatrix} -5 & 9 \\ -6 & 10 \end{pmatrix}$$

정답.

$$P^{-1}AP = \begin{pmatrix} 1 & 0 \\ 0 & 4 \end{pmatrix} = D$$

【예제】 6.2.9

$A = \begin{pmatrix} 1 & 1 \\ 0 & 1 \end{pmatrix}$이라 하면 대각화 가능한지를 밝혀라.

[풀이]

A의 고유값은 $\lambda_1 = 1, \lambda_2 = 1$이 된다. λ_1과 λ_2에 대응하는 고유벡터는 임의의 실수 k에 대해서 $k\begin{pmatrix}1\\0\end{pmatrix}$과 같은 모양을 갖는다. 따라서 A는 2개의 1차독립인 고유벡터를 갖지 못하므로 대각화가 가능하지 않다.

【유제】 6.2.10

$A = \begin{pmatrix}3 & 4\\-1 & 7\end{pmatrix}$이라 하면 대각화 가능한지를 밝혀라.

정답.

A의 고유값은 $\lambda_1 = \lambda_2 = 5$이고 단 하나의 고유벡터 $k\begin{pmatrix}2\\1\end{pmatrix}$이므로 대각화가 불가능하다.

$P^{-1}AP$의 i번째 대각선상의 원소는 행렬 P의 i번째 열벡터에 관한 고유값이기 때문에 행렬 P의 열순서가 바뀌면 $P^{-1}AP$의 대각선상의 고유값 순서만 바뀐다.

【정리】 6.2.10

$\nu_1,\nu_2,\cdots,\nu_n$을 서로 다른 고유값 $\lambda_1,\lambda_2,\cdots,\lambda_n$에 대한 행렬 A의 고유 벡터라 하면 $\{\nu_1,\nu_2,\cdots,\nu_n\}$은 1차독립이다.

【정리】 6.2.11

$n\times n$행렬 A가 n개의 서로 다른 고유값을 갖는다면 A는 대각화 가능하다.

[증명]

정리 6.2.10에 의해서 n개의 서로 다른 고유값에 대응하는 고유벡터들은 1차독립이고 정리 5.2.6에 의해서 대각화 가능하다.

〖따름정리〗 6.2.12
(대각화가능성에 대한 판정법)

$n \times n$행렬 A에 대해서

(1) 행렬 A가 n 개의 서로 다른 고유값을 가지면, A는 n 개의 고유벡터들이 일차독립이므로, A는 대각화 가능하다.

(2) 행렬 A가 n 개의 서로 다른 고유값을 갖지 않아도, A가 n 개의 일차독립인 고유벡터를 갖게되면, A는 대각화가능하다.

다음 예제는 $n \times n$행렬 A가 n개의 서로 다른 고유값을 갖지 않지만, 1차독립인 n개의 서로 다른 고유벡터를 갖는 행렬에 대한 좋은 예이다.

【예제】 6.2.13

$$\text{행렬 } A = \begin{pmatrix} 5 & -4 & 4 \\ 12 & -11 & 12 \\ 4 & -4 & 5 \end{pmatrix}$$

의 고유값은 -3,1이고 1의 대수적 중복도는 2이다. -3에 대응하는 고유벡터는 $(1,3,1)^T$이다. 고유값 1에 대응하는 고유벡터를 구하기 위하여

$$(I_3 - A)X = \begin{pmatrix} -4 & 4 & -4 \\ -12 & 12 & -12 \\ -4 & 4 & -4 \end{pmatrix} \begin{pmatrix} x_1 \\ x_2 \\ x_3 \end{pmatrix} = \begin{pmatrix} 0 \\ 0 \\ 0 \end{pmatrix}$$

에서 $x_1 = \alpha, x_2 = \beta$라 하면

$$\begin{pmatrix} x_1 \\ x_2 \\ x_3 \end{pmatrix} = \alpha \begin{pmatrix} 1 \\ 0 \\ -1 \end{pmatrix} + \beta \begin{pmatrix} 0 \\ 1 \\ 1 \end{pmatrix}$$

이므로 고유값 1에 대응하는 두 개의 1차독립인 고유벡터 $(1,0,-1)^T, (0,1,1)^T$가 존재한다. 따라서 고유값 -3, 1, 1에 대한 고유벡터 $(1,3,1)^T, (1,0,-1)^T, (0,1,1)^T$에 대해 가역행렬 P를 얻을 수 있다.

$$P = \begin{pmatrix} 1 & 1 & 0 \\ 3 & 0 & 1 \\ 1 & -1 & 1 \end{pmatrix}$$

이 P를 이용하여 행렬 A를 대각화하면

$$P^{-1}AP = \begin{pmatrix} -3 & 0 & 0 \\ 0 & 1 & 0 \\ 0 & 0 & 1 \end{pmatrix} = D$$

이다.

6.2 연습문제

1. 다음 행렬이 대각화가 가능한지를 보여라.

(1) $A=\begin{pmatrix} 2 & 1 \\ 1 & 2 \end{pmatrix}$ (2) $B=\begin{pmatrix} 1 & 0 \\ -2 & 1 \end{pmatrix}$ (3) $C=\begin{pmatrix} 3 & 2 & 0 \\ 2 & 3 & 0 \\ 0 & 0 & 1 \end{pmatrix}$

2. 다음 행렬이 대각화하는 $P^{-1}AP$의 행렬 P를 구하여라.

(1) $A=\begin{pmatrix} 2 & 2 \\ 1 & 3 \end{pmatrix}$ (2) $A=\begin{pmatrix} 4 & 2 \\ 3 & 3 \end{pmatrix}$

3. 다음 행렬이 대각화가 가능한지를 보이고, 행렬을 대각화하는 $P^{-1}AP$의 행렬 P를 구하여라.

(1) $A=\begin{pmatrix} 3 & 4 \\ -1 & 7 \end{pmatrix}$ (2) $A=\begin{pmatrix} 1 & 2 & 2 \\ 1 & 2 & -1 \\ -1 & 1 & 4 \end{pmatrix}$ (3) $A=\begin{pmatrix} 1 & 1 & 0 \\ 0 & 1 & 0 \\ 0 & 0 & 1 \end{pmatrix}$

4. 다음 주어진 행렬을 대각화하 한 후 A^{99} 를 계산하여라.

$$A=\begin{pmatrix} 0 & 1 & 0 \\ 1 & 0 & 0 \\ 0 & 0 & 1 \end{pmatrix}$$

정답.

1. (1) $P^{-1}AP=\begin{pmatrix} 1 & 0 \\ 0 & 3 \end{pmatrix}=D$

(2) B 대각화 할수 없다.

(3) $P^{-1}CP=\begin{pmatrix} 1 & 0 & 0 \\ 0 & 1 & 0 \\ 0 & 0 & 5 \end{pmatrix}=D$

2. (1) $P=\begin{pmatrix} 2 & 1 \\ -1 & 1 \end{pmatrix}$ (2) $P=\begin{pmatrix} 2 & 1 \\ -3 & 1 \end{pmatrix}$

3. (1) 고유벡터가 한 개뿐이므로 대각화 할수 없다.

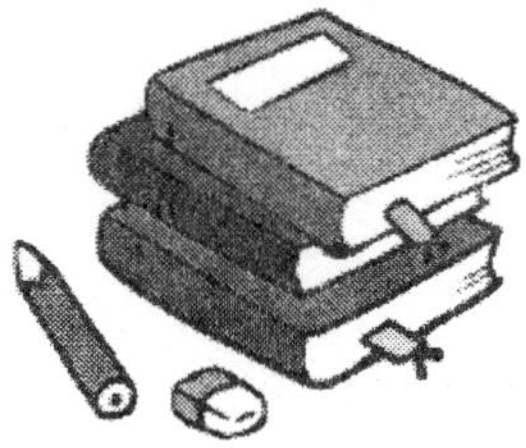

제7장 선형사상과 행렬

이장에서는 벡터공간 V에서 벡터공간 W로 가는 사상들 중에서 선형사상에 대하여 알아보기로 한다. 선형사상은 수학 이외에도 사회과학, 경제학, 물리학, 공학 등의 수많은 응용 분야에서 자주 이용되며 또 중요한 역할을 한다.

7.1 사상(mapping)

집합 X에서 집합 Y로의 대응관계 중에서 X 의 모든 원소 하나하나에 대하여 Y의 원소가 단 한개씩 대응되는 관계 $f: X \to Y$ 를 X에서 Y로의 **사상**(mapping)이라 하고, 이 중에서 X, Y 가 모두 수의 집합일 때의 사상을 **함수**(function)라 한다. 이때 X 를 사상 f의 **정의역**(domain) Y 를 **공역**(codomain)이라고 한다. 또 정의역의 각 원소 $x \in X$에 대응하는 공역 Y의 원소 f의 값 $f(x)$를 f 의 **치역**(range) 또는 f에 의한 x의 **상**(image)이라고 한다.
이때 $Imf = f(X) = \{f(x) | x \in X\}$를 f의 상(image)이라고 한다.

☞ 같은 사상

두 사상 $f: X \to Y$ 와 $g: X \to Y$가 모든 원소 $x \in X$ 에 대하여 $f(x) = g(x)$ 이면 f와 g가 같다고 하고 $f = g$로 쓴다.(즉, 두 사상의

정의역과 치역이 같으면 두 사상은 같다.)

【예제】 7.1.1

정의역이 $X=\{-1,0,1\}$ 로 주어질 때, 다음 두사상 $f(x)=x$, $g(x)=x^3$ 이 같음을 보여라.

〔풀이〕

$$f(-1)=-1,\quad g(-1)=-1,$$
$$f(0)=0,\quad g(0)=0,$$
$$f(1)=1,\quad g(1)=1$$

그러므로 , $f(x)=g(x)$

☞ 합성사상(composite mapping)

두 사상 $f: X\to Y$, $g: Y\to Z$에 대하여, X의 임의의 원소 x에 대하여 f에 의한 Y의 원소 y가 대응하고, 다시 이 y에 대하여 g에 의한 Z의 원소 z를 대응 시킬 때, 사상 $g\circ f: X\to Z$는 X에서 Z로의 사상이 되며 $(g\circ f)(x)=g(f(x))$를 f와 g의 **합성사상**(composite mapping)이라고 한다.

【예제】 7.1.2

두 사상 $f(x)=2x-1$, $g(x)=-x+3$ 에 대하여 합성함수 $(g\circ f)(x)$, $(f\circ g)(x)$ 를 각각 구하라.

〔풀이〕

(1) $(g\circ f)(x)=g(f(x))=-f(x)+3=-(2x-1)+3=-2x+4$

(2) $(f\circ g)(x)=f(g(x))=2g(x)-1=2(-x+3)-1=-2x+5$

일반적으로 두 합성사상 $g \circ f$ 와 $f \circ g$ 는 같지 않다.

〖정의〗 7.1.3

사상 $f: X \to Y$ 에서 X의 임의의 두 원소 x_1, x_2에 대하여

$$x_1 \neq x_2 \Rightarrow f(x_1) \neq f(x_2),\ (\text{즉}, f(x_1) = f(x_2) \Rightarrow x = x_2)$$

일 때 f를 **일대일사상**(one-to-one mapping) 또는 **단사**(injection)라고 한다.

〖정의〗 7.1.4

사상 $f: X \to Y$ 에서 f의 상이 Y이면, 즉 $Imf = Y = \{f(x) | x \in X\}$ 일 때, f를 X에서 Y **위로(onto)의 사상** 또는 **전사**(surjection)라고 한다.

사상 f가 일대일 사상인 동시에 위로의 사상일 때, f를 X에서 Y로의 **일대일 대응**(one-to-one correspondence) 또는 **전단사**(bijection)라고 한다.

【예제】 7.1.5

다음 사상 $f(x) = 2x + 1$ 은 일대일 대응 사상이다.

[풀이]

(i) $f: R \to R$ 이므로 f의 치역은 공역과 같은 실수 전체의 집합이다

$$(ii)\quad 2x_1 + 1 = 2x_2 + 1 \Rightarrow x_1 = x_2$$

그러므로 $f(x)=2x+1$ 은 일대일 대응 사상이다.

☞ 항등사상(identity mapping)

일대일 대응사상 중에서 정의역과 공역이 같고 X의 각 원소 x에 x자신이 대응하는 사상을 **항등사상**(identity mapping)이라 하고 다음과 같이 나타낸다.

$1_X : X \to X$가 모든 원소 $x \in X$에 대하여 $1_X(x)=x$이면 X위의 **항등사상**(identity mapping)이라 한다.

【정리】 7.1.6

두 사상 $f: X \to Y$, $g: Y \to Z$ 가 모두 일대일(위로의) 사상이면 합성사상 $g \circ f: X \to Z$도 일대일(위로의 사상이다.)

특히, 두 사상 $f: X \to Y$, $g: Y \to Z$ 가 모두 일대일 대응이면 합성 사상$g \circ f: X \to Z$ 도 일대일 대응이다.

【정리】 7.1.7

두 사상 $f: X \to Y$, $g: Y \to Z$에 대하여

(a) f와 g 가 모두 일대일 사상이면 $g \circ f: X \to Z$ 가 일대일 사상이다.
(b) f와 g 가 모두 위로의 사상이면 $g \circ f: X \to Z$ 가 위로의 사상이다.

【정의】 7.1.8

사상 $f: X \to Y$ 가 일대일 대응일 때

$g \circ f = 1_X$, $f \circ g = 1_Y$ 인 사상 $g: Y \to X$가 단 하나 존재한다.

이와 같은 $g: Y \to X$를 f의 역사상(inverse map)이라 하고 $f^{-1}: Y \to X$로 나타낸다.

〖정리〗 7.1.9

두 일대일 대응 사상 $f: X \to Y$, $g: Y \to Z$ 에 대하여 $g \circ f: X \to Z$ 가 일대일 대응 사상이면 $(g \circ f)^{-1} = f^{-1} \circ g^{-1}$ 이다.

7.1 연습문제

1. $X=\{1,2,3\}$, $Y=\{a,b,c\}$라 하고, 집합 X에서 집합 Y로의 사상 f,g,h를 다음과 같이 정의할 때, 사상 f,g,h에 대하여 정의가 올바로 되었는지 판단하고, 틀린 경우 그 이유를 밝혀라.

   (1) $f(1)=b,\quad f(3)=a$

   (2) $g(1)=b,\quad g(2)=c,\quad g(3)=a,\quad g(3)=c$

   (3) $h(1)=a,\quad h(2)=c,\quad h(3)=a$

2. 정의역이 $X=\{-1,0,1\}$인 두 사상 $f(x)=|x|$, $g(x)=x^2$ 에 대하여 $f=g$ 임을 보여라.

3. 모든 실수 $x\in R$ 에 대하여 $f(x)=x^3+1$, $g(x)=\sqrt{x}$ 에 대하여

   (1) $g\circ f$ (2) $f\circ g$ 구하라.

4. 다음 물음에 답하여라.

   (1) $f(x)=2x-1$에 대하여 일대일대응임을보이고 $f^{-1}(x)$를 구하여라

   (2) $f(x)=ax+b(a\neq 0)$ 에서 $f(2)=3, f^{-1}(-1)=2$ 일 때, 상수 a,b 의 값을 구하라.

   (3) $f(x)=\dfrac{x+2}{x-1}$ 일 때, $f^{-1}(2)=a$ 가 되는 값 a 를 구하라.

5. 반지름의 길이가 $1m$ 인 공모양의 풍선에 공기를 넣기 시작하여 t 분후에 풍선의 반지름의 길이 $f(t)$ 는 $f(t) = 1 + 0.5t(m)$ (단, $0 \le t \le 10$) 인 관계가 성립하고, 반지름의 길이가 r m인 공의 부피 $g(r)$ 는 $g(r) = \frac{4}{3}\pi r^3 (m^3)$ 일 때, 다음 물음에 답하라.

(1) 시간 t 의 값에 따라 풍선의 부피를 구하는 사상 $(g \circ f)(t)$ 를 구하라.

(2) (1)에서 구한 사상을 이용하여 3분후의 부피를 구하라.

7.2 선형사상

☞ 선형사상(linear mapping)

〖정의〗 7.2.1

벡터공간 V 와 W 에 대하여, 사상(mapping)
(또는 함수 (function))

$T: V \to W$ 가

(L1) $T(X+Y) = T(X) + T(Y)$, [덧셈의 보존성]

(L2) $T(kX) = kT(X)$ [스칼라곱의 보존성]

을 만족할 때, 단 X, Y는 V의 임의의 원소, k는 임의의 스칼라, T를 **선형사상**(linear mapping) 또는 **선형변환**(linear transformation) 이라 한다.

【예제】 7.2.2

사상 $T: R^3 \to R^2$을

$$T\begin{bmatrix} x \\ y \\ z \end{bmatrix} = \begin{bmatrix} 1 & 0 & 2 \\ 2 & 0 & 4 \end{bmatrix}\begin{bmatrix} x \\ y \\ z \end{bmatrix} = \begin{bmatrix} x+2z \\ 2x+4z \end{bmatrix}$$

으로 정의하면 사상 T 가 선형사상임을 보여라.

[풀이]

임의의 벡터 X, Y와 임의의 스칼라 k에 대해서

$$A=\begin{bmatrix}1&0&2\\2&0&4\end{bmatrix},\quad X=\begin{bmatrix}x_1\\x_2\\x_3\end{bmatrix},\quad Y=\begin{bmatrix}y_1\\y_2\\y_3\end{bmatrix}$$ 라고 하면

$T(X+Y)=A(X+Y)=AX+AY=T(X)+T(Y)$ 와

$T(kX)=A(kX)=k(AX)=kT(X)$이 성립함으로 선형사상이다.

예를 들면

$$T\begin{bmatrix}1\\2\\3\end{bmatrix}=\begin{bmatrix}7\\14\end{bmatrix},\quad T\begin{bmatrix}-1\\0\\2\end{bmatrix}=\begin{bmatrix}3\\6\end{bmatrix},$$

$$T\left(\begin{bmatrix}1\\2\\3\end{bmatrix}+\begin{bmatrix}-1\\0\\2\end{bmatrix}\right)=T\begin{bmatrix}0\\2\\5\end{bmatrix}=\begin{bmatrix}10\\20\end{bmatrix}=\begin{bmatrix}7\\14\end{bmatrix}+\begin{bmatrix}3\\6\end{bmatrix},$$

$$T\left(4\begin{bmatrix}1\\2\\3\end{bmatrix}\right)=T\begin{bmatrix}4\\8\\12\end{bmatrix}=\begin{bmatrix}28\\56\end{bmatrix}=4\begin{bmatrix}7\\14\end{bmatrix}.$$

즉, 두 벡터의 합의 T에 의한 상(image)과 각 벡터의 T에 의한 상의 합이 일치함을 알 수 있고, 벡터의 스칼라 곱의 T에 의한 상이 벡터의 T에 의한 상에 스칼라 곱을 행한 것과 같음을 알 수 있다.
위 조건 ($L1$)에서 주목해야 할 것은 벡터 합 $X+Y$ 에서 덧셈 연산은 벡터공간 V에서의 벡터 연산이고, 벡터 합 $T(X)+T(Y)$에서 덧셈 연산은 벡터공간 W에서의 벡터 연산이다.

마찬가지로 조건 ($L2$)에서 kX는 V에서의 스칼라 곱이고, $kT(X)$은 W에서의 스칼라 곱이 된다. 위 두 조건 ($L1$)과 ($L2$)는 다음 조건과 동치가 됨을 쉽게 알 수 있다. 임의의 벡터 X와 Y와 임의의 스칼라 k_1과 k_2에 대하여

(L) $T(k_1X+k_2Y)=k_1T(X)+k_2T(Y)$

【예제】 7.2.3

$V=R^3$, $W=R^2$에서 사상 $T: R^3 \to R^2$을 $T(x,y,z)=(x,y)$로 정의하면 선형사상이 된다.

[풀이]

$X=(x_1,x_2,x_3)$, $Y=(y_1,y_2,y_3)$를 R^3의 임의의 두 벡터라 할 때

$$\begin{aligned} T(X+Y) &= T(x_1+y_1, x_2+y_2, x_3+y_3) \\ &= (x_1+y_1, x_2+y_2) \\ &= (x_1,x_2)+(y_1,y_2) \\ &= T(X)+T(Y). \end{aligned}$$

또한, 임의의 수 α(스칼라)에 대해

$$T(\alpha X)=T(\alpha x_1, \alpha x_2, \alpha x_3)=(\alpha x_1, \alpha x_2)=\alpha(x_1,x_2)=\alpha T(X).$$

기하학적으로 T는 xy-평면으로의 **사영**(projection)이다.

【예제】 7.2.4

사상 $T: R^2 \to R^2$가 모든 점을 직선 $y=x$에 대칭인 위치로 대응시키면 T가 선형사상임을 보여라.

[풀이]

R^2의 임의의 점 (x,y)를 직선 $y=x$에 대칭인 점 (y,x)로 변환시키므로 사상 T는 $T(x,y)=(y,x)$ 이다.

그런데 임의의 $X=(x_1, x_2)$, $Y=(y_1, y_2) \in R^2$와 $\alpha \in R$ 에 대하여

$$
\begin{aligned}
(1)\ T(X+Y) &= T((x_1, x_2)+(y_1, y_2,)) = T(x_1+y_1, x_2+y_2) \\
&= (x_2+y_2, x_1+y_1) = (x_2, x_1)+(y_2, y_1) \\
&= T(x_1, x_2)+T(y_1, y_2) = T(X)+T(Y)
\end{aligned}
$$

$$
\begin{aligned}
(2)\ T(\alpha X) &= T(\alpha(x_1, x_2)) = T(\alpha x_1, \alpha x_2) = (\alpha x_2, \alpha x_1) = \alpha(x_2, x_1) \\
&= \alpha T(x_1, x_2) = \alpha T(X)
\end{aligned}
$$

이므로 T는 선형사상이다.

【예제】 7.2.5

위 **예제7**.2.4와 마찬가지로

(1) x축 **대칭변환**(reflection) $T(x,y)=(x,-y)$,
(2) y축 대칭변환 $T(x,y)=(-x,y)$,
(3) 원점 대칭변환 $T(x,y)=(-x,-y)$

등도 모두 선형사상이 된다.

【예제】 7.2.6

임의의 실수 r에 대해
$T: R^3 \to R^3$, $T(x_1, x_2, x_3)=r(x_1, x_2, x_3)$로 정의한 사상 T 가 선형사상임을 보여라.

이러한 사상 T 를 $0<r<1$ 일 때 **축소변환**(compression)이라 하고, $r>1$ 일 때 **확대변환**(expansion)이라 한다.

[풀이]

임의의 $X=(x_1, x_2, x_3)$, $Y=(y_1, y_2, y_3)\in R^3$ 와 $\alpha\in R$ 에 대하여

$$\begin{aligned}(1)\ T(X+Y) &= T(x_1+y_1,\ x_2+y_2,\ x_3+y_3) = r(x_1+y_1,\ x_2+y_2,\ x_3+y_3)\\ &= (r(x_1+y_1),\ r(x_2+y_2),\ r(x_3+y_3))\\ &= (rx_1+ry_1,\ rx_2+ry_2,\ rx_3+ry_3)\\ &= r(x_1, x_2, x_3)+r(y_1, y_2, y_3) = rX+rY = T(X)+T(Y),\end{aligned}$$

$$\begin{aligned}(2)\ T(\alpha X) &= T(\alpha x_1, \alpha x_2, \alpha x_3) = r(\alpha x_1, \alpha x_2, \alpha x_3) = r(\alpha(x_1, x_2, x_3))\\ &= (r\alpha)(x_1, x_2, x_3) = \alpha(r(x_1, x_2, x_3)) = \alpha\, T(X)\end{aligned}$$

이므로 T 는 선형사상이다.

【예제】 7.2.7

주어진 어떤 행렬 $A=(a_{ij})\in M_{m\times n}$ 에 대해 $T(X)=AX$ 로 주어진 사상 $T: R^n\to R^m$ 가 선형사상임을 보여라.

이런 사상을 **행렬변환**(matrix transformation)이라 한다.

[풀이]

$T(X)=AX$ 를 자세히 쓰면 $X=(x_1,x_2,\ldots,x_n)^T\in R^n$ 에 대하여

$$T(X)=\begin{pmatrix} a_{11} & a_{12} & \cdots & a_{1n}\\ a_{22} & a_{22} & \cdots & a_{2n}\\ \vdots & \vdots & & \vdots\\ a_{m1} & a_{m2} & & a_{mn}\end{pmatrix}\begin{pmatrix} x_1\\ x_2\\ \vdots\\ x_n\end{pmatrix}=\begin{pmatrix}\sum_{i=1}^{n} a_{1i}x_i\\ \sum_{i=1}^{n} a_{2i}x_i\\ \vdots\\ \sum_{i=1}^{n} a_{mi}x_i\end{pmatrix}$$

이다. 그런데 $X, Y \in R^n$ 와 $\alpha \in R$ 에 대하여 행렬의 합과 곱, 스칼라곱의 성질에 의해서

(1) $T(X+Y) = A(X+Y) = AX + AY = T(X) + T(Y)$,

(2) $T(\alpha X) = A(\alpha X) = \alpha(AX) = \alpha T(X)$

이므로 선형사상이 된다.

【예제】 7.2.8

고정된 각 θ에 대하여 행렬 $A = \begin{pmatrix} \cos\theta & -\sin\theta \\ \sin\theta & \cos\theta \end{pmatrix}$ 에 관한 선형변환을 생각하여 보자.

$$X = (x_1, x_2)^T \text{에 대하여} \quad T(X) = AX = \begin{pmatrix} \cos\theta & -\sin\theta \\ \sin\theta & \cos\theta \end{pmatrix}\begin{pmatrix} x_1 \\ x_2 \end{pmatrix}$$

$$= \begin{pmatrix} x_1\cos\theta - x_2\sin\theta \\ x_1\sin\theta + x_2\cos\theta \end{pmatrix} = \begin{pmatrix} y_1 \\ y_2 \end{pmatrix} = Y$$

이다. 따라서 $Y = (y_1, y_2)^T$는 $X = (x_1, x_2)^T$를 편각 θ만큼 회전시킨 결과가 된다. 이러한 사상 T를 R^2 위의 **회전변환**(rotation)이라 한다.

【예제】

7.2.9 벡터공간 V에서 V의 원소 v를 자기 자신에게 대응시키는 사상은 선형사상이 된다.

이것을 **항등사상**(identity mapping)이라 하고 I 로 표시한다. 즉 $I(v) = v$.

【예제】 7.2.10

벡터공간 V, W에서 V의 임의의 원소 v에 대해 W의 영원 $0w$을 대응시키는 사상은 선형사상이 된다. 이것을 **영사상**(zero mapping)이라 한다.

【예제】 7.2.11

사상 $T: R^3 \to R^3$이 $T(x, y, z) = (x-y, 0, y+z)$로 정의될 때 T가 선형사상이 됨을 보여라.

[풀이]

$X_1 = (x_1, y_1, z_1)$과 $X_2 = (x_2, y_2, z_2)$를 R^3의 임의의 원소라 하고, c을 임의의 수라 할 때

$$\begin{aligned} T(X_1 + X_2) &= T(x_1 + x_2, y_1 + y_2, z_1 + z_2) \\ &= ((x_1 + x_2) - (y_1 + y_2), 0, (y_1 + y_2) + (z_1 + z_2)) \\ &= (x_1 - y_1, 0, y_1 + z_1) + (x_2 - y_2, 0, y_2 + z_2) \\ &= T(X_1) + (X_2). \end{aligned}$$

또한

$$\begin{aligned} T(cX_1) = T(cx_1, cy_1, cz_1) &= (cx_1 - cy_1, c0, cy_1 + cz_1) \\ &= c(x_1 - y_1, 0, y_1 + z_1) = cT(X_1) \end{aligned}$$

따라서 T는 선형사상이 된다.

7.2 연습문제

1. 사상 $T: R^3 \to R^3$ 를 $T(x, y, z) = (x+y, y, x-z)$ 로 정의할 때 사상 T가 선형사상이 됨을 보여라.

2. 다음중 선형사상이 되는 것을 골라라.

(1) 사상 $T: R^2 \to R^2$ 는 $T(x, y) = (x^2 + x, y - y^2)$

(2) 사상 $T: R \to R$ 는 $T(x) = |x|$

(3) 사상 $T: R^2 \to R^2$ 는 $T(x, y) = (x + y, y)$

(4) 사상 $T: R \to R$ 는 $T(x) = \log x$

(5) 사상 $T: R^3 \to R$ 는 $T(x, y, z) = (x + 2y + 3z)$

3. 다음과 같이 정의 되는 사상은 선형사상이 되지 않음을 보여라.

(1) 사상 $T: R \to R$ 는 $T(x) = \sin x$

(2) 사상 $T: R^3 \to R^2$ 는 $T(x, y, z) = (x^2, 0)$

정답.

2. (3), (5)

찾아보기

기초선형대수학

2009년 9월 1일 인쇄 (정가 14,000원)
2009년 9월 7일 발행

저 자 : 김 병 무
남 숙 자
발행인 : 신 동 수
발행처 : 도서출판 신성

주 소 : 서울시 동작구 흑석1동 207-6
전 화 : 814-7655 FAX : 812-7109
등록일자 : 1989년 10월 27일 등록번호 : 14-85호